纺织服装高等教育"十四五"部委级规划教材

服装画技法

（第三版）

殷 薇 陈东生 编著

东华大学出版社

·上海·

内容提要

本书为福建省本科优秀特色教材，共分六章，分别介绍了服装画基础概论、服装画人体表现技法、服装画的基础表现技法、绘画工具的使用技巧、服装材质的表现技法、电脑服装画的表现等内容，配以约300张图片对服装画的各种表现技法进行了详细的阐述，由浅入深，从基础到综合的运用，针对服装画这一独特的画种进行分类的示范教学。

本书既可以作为高等院校服装设计专业学生的教材，也可以作为服装设计专业人员及服装画爱好者学习的参考用书。

图书在版编目（CIP）数据

服装画技法 / 殷薇, 陈东生编著 . -- 3 版 . -- 上海：
东华大学出版社, 2021.9
ISBN 978-7-5669-1941-0

Ⅰ . ①服… Ⅱ . ①殷… ②陈… Ⅲ . ①服装—绘画技法—教材 Ⅳ . ① TS941.28

中国版本图书馆 CIP 数据核字（2021）第 134975 号

责任编辑：季丽华　张力月
版式设计：上海程远文化传播有限公司

服装画技法（第三版）
FUZHUANGHUA JIFA

编 著：殷薇 陈东生
出 版：东华大学出版社（上海市延安西路1882号，邮政编码：200051）
本社网址：dhupress.dhu.edu.cn
天猫旗舰店：http://dhdx.tmall.com
营销中心：021-62193056　62373056　62379558
印 刷：上海当纳利印刷有限公司
开 本：889mm×1194mm　1/16
印 张：9
字 数：300千字
版 次：2021年9月第3版
印 次：2023年7月第2次印刷
书 号：ISBN 978-7-5669-1941-0
定 价：58.00元

前 言

　　服装画是一门艺术，随着社会的发展，其功能及意义也相应地发生变化。从最早作为插画传递信息，到后来的服装设计效果图，服装画的审美宣传功能不断扩大，概念越来越广泛，风格技巧也愈发丰富。服装画技法课程成为了服装设计教学中不可缺少的重要组成部分。服装设计从业人员只有熟练地掌握和运用服装画的基本理论及表现技法，才能更准确地表达自己的设计思想，不断完善自己的构思，使设计获得成功。

　　本书从认识服装画到理解服装画，到学习人体的基本形、比例动态，到服装画的基础表现、绘画工具的熟练掌握，再到学习服装各类材质的表现方法，以及电脑绘画表现都进行了详细地描绘、演示。通过该课程的理论与实践学习，使学生熟悉服装画技法的形式、掌握各种技法的表现技巧，从而能够将自己的设计认知有效地加以表现，同时体会不同的风格，提高鉴赏眼光，为服装设计课程的学习打下坚实的基础。

　　本书写作大纲、课时安排与教学内容由陈东生、殷薇、刘辉等讨论制定。第一章由殷薇、刘辉、陈东生编写，第二章至第六章由殷薇编写。在教材的编写过程中，得到了东华大学、北京服装学院、长春工业大学及闽江学院的杜学强、郑宗兴、林雪婷、王倩、周娟、董玉玲、肖祖荣、徐滢、陈翔、谢之恺、庄婷、何冬婷、葛如雪、郭佺、庞子涛等同学以及家纺班同学提供的作品支持与帮助，特此表示衷心感谢。

　　由于作者水平有限，在编写过程中有不足和疏漏之处，敬请专家和读者批评和指正。

编者

教学内容及课时安排

章节	主要内容	课程内容	总学时	学时分配				
				讲授	讨论	习题	实验	实践
第一章	服装画基础概论	服装画的起源及发展	4 课时	4				
		服装画的代表人物介绍						
		服装画的概念、类别、功能						
第二章	服装画人体表现技法	人体的比例	12 课时	2				10
		人体姿态与重心的关系						
		头部表现与五官特征						
		手部与脚部的画法						
第三章	服装画的基础表现技法	线条的表现	12 课时	4				8
		褶皱的表现						
		配饰的表现						
		装饰图案的表现						
第四章	绘画工具的使用技巧	钢笔	12 课时	4				8
		彩色铅笔						
		炭笔						
		马克笔						
		水彩						
		水粉						
第五章	服装材质的表现技法	绸缎的表现	16 课时	4				12
		皮革的表现						
		格子呢的表现						
		纱与蕾丝的表现						
		针织面料的表现						
		棉麻的表现						
		牛仔的表现						
		毛皮的表现						
		镂空面料的表现						
		图案面料的表现						
		服装饰物的表现						
第六章	电脑服装画的表现	电脑技术在服装画领域中的应用	16 课时	8				8
		电脑服装画的表现技法						
		电脑服装画的基本步骤						
		不同服装材质的电脑服装效果图表现						
		电脑服装效果图临摹图例						
		服装平面款式图表现技法						
		电脑服装画作品欣赏						

目录

第五章　服装材质的表现技法　　067

第六章　电脑服装画的表现　　084

参考文献　　138

第一章　服装画基础概论

◆ > **教学目的：**了解服装画的基本概念、服装画的起源与发展进程。

◆ > **教学要求：**掌握不同时期服装画代表人物的绘画特点及风格。

1.1 服装画的起源及发展

1.1.1 早期的服装画形式

服装画的历史起源最早可以追溯到人类古代文明，上古的洞穴绘画，中国古代人物工笔画，古埃及、古希腊的墓葬建筑和神殿，以及之后出现的雕塑、浮雕、壁画。而真正意义上的服装画大约在16世纪中叶逐步成为一个独立的画种，初始时是上流社会的贵族们为了向世人们展示修养和财富，显示其权利和地位，让画家们为其画像，而后逐渐演变为服装画。

16世纪是欧洲在艺术创作和发明创造上的一个繁荣时期，学术研究气氛浓厚，开放的政治环境和贸易的相互往来，使欧洲和世界各地互通有无。16世纪中叶，定期出版物开始出现。在印刷技术还不够发达的初期，以描绘服装样式为题材的绘画只能用版画来表现，那时的刊物是贵族和上流社会的特权，他们雇佣着大批艺术家创作反映宫廷生活时尚的绘画，在各皇家贵族中传播，在这些绘画中不乏有非常详尽和生动的宫廷服饰。

在西方的历史上，表现服装样式的版画可分为三个阶段：第一阶段是16世纪30年代至17世纪初，历史上一般称这个时期为服装"样本时期"，由于那时服装流行的周期长，因此大多是即成样式的复制。也由于这时的版画是木版画，故也称之为"木版本时期"。最早期的木刻服装版画，仅局限在描述当时上流社会达官贵人服装、服饰的穿着方式，供极少数人翻阅、馈赠，它在象征身份、地位和财富的同时，也作为装饰手段来美化家居，有时也被作为国礼赠送给兄弟邻邦。此时的服装版画对于平民百姓而言，遥不可及，无论从形式上或是内容上都受到了制约。从作为上流社会的炫耀品发展成为社会流行时尚的传播者，服装画经历了一个漫长的发展过程。

在全球范围内风行的各种探索与发现风潮，激发了身居世界各地的人们不约而同地对异域服装及装饰饰物产生好奇心。从1520年到1610年，有超过200套系，具有特定国籍、地域，以及阶层特色的人物服饰图版出版发行，且分别以雕刻、蚀划或是木刻方式印制。这些木刻版画分别描绘了来自欧洲、亚洲地区的服装。

木版画因受质地和手工操作等因素影响，限制了它的发展。与传统木版画相比，铜版画相对细腻、生动，它采用雕刻、腐蚀等各种化学处理方法，使画面更富有艺术效果，印刷更加精美，于是进入了版画的第二个阶段：17世纪20年代至18世纪60年代，流行史上称之为服装"版画时期"，以铜版画为主是这个时期的特点。1672年，法国创刊了世界上第一本表现贵族生活和服饰时尚的杂志——《麦尔克尤拉·嘎朗》，并公开向社会发行，起到了引导潮流的作用。

第三阶段是从18世纪70年代到20世纪初。18世纪70年代出现了传达信息的媒体——定期发行的时装杂志，在这些杂志中每期都插有一页或数页手工上色的彩色时装铜版画，因此狭义上的服装版画就是指这个阶段时装杂志中的插页。

服装版画的代表人物有文斯莱斯·赫拉（Wenceslans Hollar）和理查德·盖伊伍德（Richard Gaywood）。他们的作品人物及服饰都非常精致完美，可以精细地表现出大部分服装材质的质感。

1.1.2 近现代服装画艺术

19世纪至20世纪初，服装画无论是在展现服装流行和时尚方面，还是在向人们详细描绘具体服饰结构功能方面，都显示了它无可替代的作用。虽然，此时摄影技术也开始进入服装领域，但由于其初期展现服装美的能力有限，以及社会对于传统服装展现模式的适应惯性，服装画的地位并没有受到影响。20世纪初的二三十年，可以说是服装画的全盛时期。这一划时代的成就应归功于那些不断涌现的新艺术流派和众多著名的杂志。这个时期的艺术流派如表现主义、立体主义、超现实主义、未来主义、达达主义等艺术运动对服装画的发展产生了久远的影响。当时的绘画风格基本摆脱了新艺术运动的影响，不再拘泥于装饰的严谨，更多地从马蒂斯的野兽派绘画、达利等人的超现实主义作品、塞尚的立体主义绘画中汲取营养，因此，这些画面大多充满了当时巴黎流行的艺术品位：优雅、轻松、浪漫。此外，以Vogue、La Gazette du Bon Ton、Pochoir和Harper's Bazaar等为代表的时装杂志以大量的服装画反映服装时尚、推介服装流行样式，同时也成就了一大批富有才情的服装画家。他们用自由、大胆并且充满激情的笔，尝试着跨越绘画所固有的界限。在艺术风格、对象的选择、背景处理，以及传播媒介上都大大区别于绘画所表现的领域，这一时期主要代表画家有阿尔丰斯·穆夏（Alphonse Maria Mucha）、奥布里·比亚兹莱（Aubrey Vincent Beardsley）、查尔斯·费雷德里克·沃斯（Charles Frederick Worth）和保罗·波烈（Paul Poiret）等。

1939年到1945年，受第二次世界大战影响，经济危机波及服装业的发展，绝大多数巴黎时装刊物停刊，服装画家们为躲避战乱纷纷逃亡至纽约，在那里继续他们的事业。可是，随着摄影业、电视业等传媒手段的迅速发展，这些传媒动摇了服装画的原有地位，服装画艺术受到了严峻的挑战。特别是19世纪30年代末出现的优秀摄影作品，给服装画带来了极大的冲击。那些引导服装设计新潮的杂志采取了一致行动，着手改变编辑方针，不再给予服装画家以全面、坚定不移的支持，而是在偶然的情况下，才向个别服装画家约稿，这使服装画陷入低谷。

19世纪60年代到70年代，服装画艺术逐渐走向衰退，陷入了有史以来的最低谷时期。当时的杂志为了顺应时代发展的潮流，引导服装设计及审美的新潮，将重心逐渐转移到摄影中。时装摄影在流行的传播中以快捷、写实的方便性逐渐取代了服装画的位置。时装杂志上已很难再见到以服装画的方式来表现流行时尚了。

19 世纪 80 年代后，服装画所具有的特别审美趣味重新得到人们的青睐，服装画再度风靡世界。这时的服装画不仅具有很高的实用价值，而且以一种具有独立观赏价值的艺术形式而存在。特别是受孕于现代工业文明的美国服装画，突破了传统的束缚，开创了现代服装画的先河。*Lamadeen Pinture* 和 *Vanity Fair* 杂志除了大量刊登服装画作品外，每季都有关于服装画家的报道，一批优秀的服装画家如皮尔·让·唐（Pierre Le Tan）、纳雅（Nadja）、埃莱娜·特朗（Helene Tran）、威拉芒特（Viramantes）等逐渐被人们所熟悉和喜欢。在 20 世纪 70 年代，许多时装杂志始终坚持启用艺术家来创作杂志的封面和插图，从而树立了一种独特的杂志风格，营造出浓郁的艺术气氛。

21 世纪的服装画也以崭新的传播方式迎来了复苏的时机。服装画远远超出了原来的概念范畴，更多地延展到时尚插画领域中去，当代的服装画家不再局限于服装设计师的创作，而是融独特性、创造性、趣味性于一体，从理念到完成，以其灵活的表现形式，多种多样的艺术风格表达着画家对服装的理解、对人生的感悟，以及对生命的震撼（图 1-1 ~ 图 1-6）。

图 1-1　现代服装画作品　　　　　　图 1-2　凯蒂·罗杰的作品

图 1-3　杰森·布鲁克斯的电脑服装画作品

图 1-4　纳迪沙·戈达蒙内的作品

图 1-5　现代服装画作品　　　　　　　　　　图 1-6　华伦天奴品牌作品

1.1.3 我国近现代服装画历史及发展

民国时期，我国近代服装发生了巨大的变化，这不仅取决于朝代更替，也是西方文化冲击所产生的必然结果，使得这一时期的服装格外丰富多变。中国的服装打破封建制度的枷锁，走向了现代化的进程，一定意义上的中国现代服装开始萌芽，中国的服饰装扮进入混乱而繁荣的时期。19 世纪在上海形成的以仕女题材为主的广告画"月份牌"画有许多表现服装时尚的内容，月份牌画家们侧重于对服装外观的摹写与刻画，可以视为服装画的雏形。这与欧洲 16 世纪出现的时装版画有着共同的特点，虽然两者的工艺制作方式完全没有相似之处，但他们都是为了记录服装样式而产生的，都是当时流行时尚传播的载体。

20 世纪二三十年代的中国服装画都是从中国画的神韵出发，用线描水墨来体现创作意境，画面自然娴静、和谐幽雅，具有典型的中国特色。20 世纪 40 年代的中国处于抗日战争时期，得以持续的报纸、杂志都带有浓厚的政治色彩，对于服饰美的关注越来越少，服装插画发展停滞。

20 世纪 50 年代和 60 年代初，苏联传入中国的《苏联画报》《妇女工作者》《苏联妇女》等设有时装专栏，服装插画多以写实为主，人物比例适度，穿着简洁得体的服装，对中国人的穿着和审美产生了一定影响。20 世纪 50 年代《中国妇女》刊登的服装插画借鉴苏联"布拉吉"宽敞的下摆，保留了旗袍的基本形态，分别在领子、袖子等细节上做出改良设计，穿着职业化、平民化，既符合时代潮流又具有典型的民族特点；人物形体写实，具有准确的比例与透视关系，肩部变宽，身材变得高大，人物面部基本保持了饱满的特点；利用线条勾勒形体，准确塑造人物形态。这一时期服装行业还没有兴起，服装插画的发展受到限制。

20 世纪 70 年代末随着我国改革开放，经济格局发生了重大的变化，工业、农业、科技的迅猛发展，加上教育业的革新与不断提升，使人民的生活状态焕然一新。随着新时代的到来，中国服装画翻开新的一页。改革开放以来，服装画这种独特的艺术形式真正成为我国服装文化和服装教育的一个重要组成部分，伴随着我国文化艺术的日趋兴盛，这一时期也成为我国服装画的发展期。众多在服装设计领域有着卓越贡献的艺术家的出现，使服装画这个源于西方的美术形式在中国土地上开出具有民族特色的花朵，为日后服装画的发展奠定了扎实的基础。

1.2 服装画的代表人物介绍

1.2.1 查尔斯·费雷德里克·沃斯（Charles Frederick Worth）

查尔斯·费雷德里克·沃斯1825年10月出生于英国伯恩林肯郡一个律师家庭。沃斯被誉为"高级时装之父"，是19世纪英国著名的时装设计大师。他的精湛技艺和独创精神，让沃斯高级定制（Worth Couture）成为将华丽风格、高贵品质和时髦样式融为一体的品牌，在服装史上具有划时代的意义。沃斯是第一位在欧洲出售设计图给服装厂商的设计师，他的服装画随着艺术的发展经历了几个阶段，早期的服装绘画是以写实为主的服装，而后期的服装画，经常以东方为灵感来源，明显可以看到受装饰艺术的影响，用色十分大胆（图1-7）。

1.2.2 朱尔斯·谢雷特（Jules Chéret）

朱尔斯·谢雷特1836年5月出生于法国巴黎，从小在法国的印刷厂当铸字学徒，并学会了当时在法国刚刚兴起的石版印刷技术。19世纪中期，法国的海报设计以维多利亚风格为主，画面多为身着维多利亚风格服饰的妇女，色调以棕色、绿色为主，旁边装饰以花纹和艺术字。鲜艳而有透明感的色彩是谢雷特作品的一大特色，谢雷特创造性地使用红、黄、蓝与黑色四种油墨进行印刷，因而得到了像水彩画般的海报色彩效果。他创作的海报尺寸很大，高达两米，画面中的模特接近真人大小，贴在街头相当有震撼力。流畅的线条和构图，不但准确把握了人物的姿态和动作，也让谢雷特成为法国新艺术运动的

图1-7　查尔斯·费雷德里克·沃斯的作品

先导。谢雷特是个非常高产的设计师，一生设计了上千幅海报，而且设计效率很高，甚至上午对着女模特画草稿，下午便开始制作石版，晚上就可以进行印刷。1889年，谢雷特设计的海报在国际博览会上获得了金奖。1890年，他更获得了法国政府颁发的荣誉军团勋章，成为当时最有影响力的海报设计师之一，并成为了现代海报之父（图1-8）。

1.2.3 阿尔丰斯·穆夏（Alphonse Maria Mucha）

阿尔丰斯·穆夏1860年7月出生于摩洛维亚小镇（在现今的捷克共和国境内）。穆夏是20世纪初叶巴黎流行的"新艺术"的代表画家，穆夏的绘画，在富有华丽装饰美的甜俗优雅的表象里，蕴藏着升华人性的精神旨归。他的新艺术美女海报绘画，在20世纪初期闻名欧美，穆夏晚期的作品，无论是油画、粉彩、素描，都自由奔放，造型优美精致，引人入胜。因战乱频繁，穆夏成为浪迹各地的波西米亚艺术家。穆夏的作品吸收了日本木刻对外形和轮廓线优雅的刻画，拜占庭艺术华美的色彩和几何装饰效果，以及巴洛克、洛可可艺术的细致而富于肉感的描绘。他用感性化的装饰性线条、简洁的轮廓线和明快的水彩效果创造了被称为"穆夏风格"的人物形象。经过他的加工，所有的女性形象都显得甜美优雅，身材玲珑曲致，富有青春的活力，有时还有一头飘逸柔美的秀发。他的画面常常由青春美貌的女

图1-8　朱尔斯·谢雷特的作品

图 1-9　阿尔丰斯·穆夏的作品

图 1-10 莱昂·巴克斯特的作品

性和富有装饰性的曲线流畅的花草组成。与别的艺术家不同，穆夏同时也是一位摄影师，他利用摄影技术来辅助创作，让模特摆出他所需要的姿势后拍成照片，然后以照片为基础，在画面上对服饰和头发进行整理加工，经过特别的构图，再加上花卉及植物花纹的装饰，最后完成创作（图 1-9）。

1.2.4 莱昂·巴克斯特（Leon Bakst）

莱昂·巴克斯特 1866 年出生于白俄罗斯，从小热爱画画。莱昂毕业于圣彼得堡艺术学院，1888年开始从事儿童绘本插画工作，两年后开始学习水彩画。19 世纪末到 20 世纪初，他来到巴黎，进入朱利安艺术学院学习印象派绘画技巧。1907 年参与设计圣彼得堡慈善舞会服装，后来又为鲁宾斯坦设计《莎乐美》的服装（图 1-10）。

1.2.5 奥布里·比亚兹莱（Aubrey Beardsley）

奥布里·比亚兹莱 1872 年 8月 21 日出生于英国南部海滨城市布莱顿，他是英国新艺术运动时期最重要的艺术家和插画家之一。比亚兹莱主要从性的方面来批评维多利亚社会。其作品讽刺和象征性的风格，模糊了性别界线并且嘲笑了男性的优越。比亚兹莱的插画充满了天鹅、精灵、骑士等与故事没有直接关系的奇幻细节。比亚兹莱初露锋芒是在 1892 年夏天，他接受了出版商登特的绘制《亚瑟王之死》插图的任务。一共三百余幅插图、标题花饰等，得到了 250 英镑的报酬，这促使比亚兹莱决心走上职业画家的道路。比亚兹莱的一生犹如他的黑白插画一样，既单纯又传奇，这个仅仅受过两个月正规训练的画家在其短暂的 26 年的生命中留下大量备受争议的作品。他往往采用大量头发般纤细的线条与黑色块的奇妙构成来表现对事物的印象，充满着诗样的浪漫情愫和无尽

图1-11　奥布里·比亚兹莱的作品

的幻想。比亚兹莱向世人展示的是一个充斥着罪恶激情和颓废格调的另类世界。他独特的绘画风格和手法使人无法将他的作品简单地归入任何一个派列，而他带给世人的艺术享受也是任何其他画家所无法给予的（图1-11）。

1.2.6 保罗·波烈（Paul Poiret）

保罗·波烈1879年4月生于法国巴黎，保罗·波烈作为世界闻名的服装设计师，在服装发展史上有着重要的地位。同时他也是一位服装画家，他对于艺术以及服装画出版业的贡献也是巨大的。波烈的设计代表了20世纪初这一时期的独特风貌，他开创了一个五彩缤纷

的服装新世纪。保罗·波烈是时装界的幻想主义者，他将新艺术形式用于时装设计之中，出版了自己创作的设计专辑。这本专辑反映了这一时期服装画的变化，借助于新艺术形式，其中的服装都由清晰的线条、大面积的平涂和亮丽的色彩来表现。这本设计专辑被看作是装饰运动的里程碑。他的作品不仅采用铜版印刷，也采用了锌版印刷技术，对当时的服装画造成了重大的影响，形成了一类新的服装画风格（图1-12）。

1.2.7 乔治·巴比尔（George Barbier）

乔治·巴比尔1882年10月10日出生于法国的南特，是20世纪初法国伟大的插画家之一。他的作品风格深受东方主义和巴黎时装的优雅装饰艺术影响。他在1911年首次举办展览，声名鹊起。他因奢华而吸引人的生活和工作方式被称为"手镯骑士"。他还因为设计戏剧、电影和芭蕾舞团的服饰和装饰而闻名。即使在今天，他的摩登且具有个性的插画风格仍风行于世界各地（图1-13）。

图 1-12　保罗·波烈的作品

图 1-13　乔治·巴比尔的作品

1.2.8 瑞内·布歇（Rene Bouche）

瑞内·布歇是法国著名的画家，同时也是一位成功的肖像画家和服装绘画家。他1906年出生于美国，33岁才开始他的服装绘画事业，成为 Vogue 杂志的一名编辑，同时负责法语和英语版面，成功的为 Vogue 杂志创作了很多不朽的封面作品。1941年，他经过努力得到了美国时尚艺术界的承认，迅速成为当时美国 Vogue 杂志的固定供稿人。他的作品几乎是清一色的黑白素描，只有在有特殊要求的时候才会创作一些彩色服装绘画，这在服装绘画领域是非常少见的。瑞内·布歇的作品在表现风格上常常被评论家评为"Frantic Calligraphy"，这个短语的意义类似于中国书法中的"狂草"，认为他的绘画豪放、不拘一格，却又表现出一种别人无法达到的柔和细腻。瑞内·布歇的服装绘画既有纯绘画作品的艺术感，又能融合服装绘画的时尚感，是绘画与服装最完美的结合。到了20世纪50年代，瑞内·布歇名扬四海，为全世界的时尚杂志所熟知，其事业达到顶峰。1963年瑞内·布歇逝世于英国，他的逝世使服装绘画甚至出现了一小段时间的停滞，由此可见瑞内·布歇在服装绘画领域的重要地位（图1-14）。

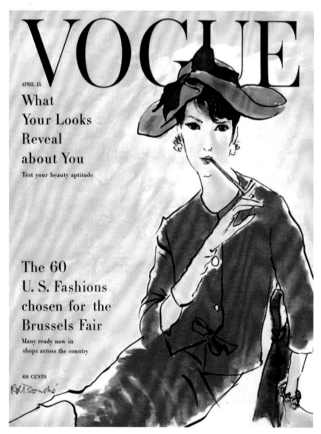

图1-14 瑞内·布歇的作品

1.2.9 热内·格鲁奥(René Gruau)

热内·格鲁奥1909年2月出生于意大利，20世纪20年代后期来到巴黎，开始了作为服装画家的生涯。他于1939年开始发表作品，受热内·波耶特·威廉姆兹的影响，他很注重画面的情调，厚重的明度对比，深重色调平涂的底上常常喷洒鲜艳的色彩，作品充满了浪漫、高贵的气质。他善于处理画面的构图，每一幅画都很有创意，具有广告画的特点，因此得到了时装大师克里斯汀·迪奥的青睐，其最著名的作品就是为迪奥所创作的服装画新风貌（New Look）。格鲁奥经常为迪奥的新款时装设计绘制服装广告画，他也是最早从事服装广告绘画的画家之一，创造出了许多引起轰动的佳作。格鲁奥的画风大胆、奔放，他的创作灵感可以说是东西方艺术的结合。格鲁奥在绘制服装画时，表现的方法并不一定很写实，画面省略简单，寥寥数笔一气呵成，追求中国画的写意效果。他喜用黑色的笔触为人物勾勒轮廓，细节尽量精简而着力表现动态的造型。格鲁奥的绘画方式赋予作品极强的速度感与偶然性特征。在格鲁奥的线条里，人物形象非常逼真，富有古典理想主义的风格，他笔下的女性形象生动、端庄、圣洁，高贵精神气质直接反映出格鲁奥的内心世界中的理想女性形象。他在表现人物的脸和形体时，往往运用冷硬而简洁的手法，使整个画面显得很开阔，

图1-15　热内·格鲁奥的作品

给人以遐想的空间。他说："最简单的东西也就是最难的。"在画面上，他喜欢用大平面，再运用间隔裁去人物主体。格鲁奥对画面空间的巧妙分割，源于他善于从普通的事物中提炼出美，并将这种凝练的美通过艺术的笔触展现出来。同时，格鲁奥是一个去粗存精的大师，他去掉许多不必要的细节而只将最富表现力的几笔留下。他的表现风格就是：只突出一个主题，以最简化的手法表现独特的绘画风格。正如他所说："线条就是我的风格，一条单线可以勾画出大小、高贵和感觉。"这种绘画风格与20世纪40年代的社会环境相一致。无论是从设计师的角度还是从服装画家的角度，格鲁奥为后人提供了理解时装绘画艺术这一抽象事物的崭新视角（图1-15）。

1.2.10 安东尼奥·洛佩兹 （Antonio Lopez）

安东尼奥·洛佩兹1943年2月出生于波多黎各的乌图阿多。安东尼奥自20世纪60年代步入服装画界以来，他将劲道的笔法、明快的色彩以及流行艺术中的幽默风格带进了服装画的王国，在他的作品中，始终涵盖着与服装变革和新时代的自由潮流的实质完全和谐的形式。安东尼奥的作品被群众所钟爱，被设计师所寻觅，被全世界所需求和出版。他是如此地善于应变，以至其色彩都是巧妙地应和着每年的时尚。其超群的活力以及精美的作品为成千上万效仿者所追崇。多年来安东尼奥一直保持着最具影响力的时尚画家的美名。时至今日，

安东尼奥无疑一直是服装画家中最具影响力和最富代表性的人物。他的重大成就和影响还在于他为20世纪60—80年代的服装画与绘画艺术的复兴之间架起了一座沟通的桥梁。

安东尼奥为伊夫·圣·洛朗的时装设计所作的系列广告服装画，以流畅的线条、明快的色块，极为精准地捕捉并发扬了圣·洛朗时装特有的华丽高贵与最新的流行美感。安东尼奥的作品深受东方艺术的表现性、写意性、平面感的影响，洒脱自然的笔触、近乎平面的色彩、造型，人物玩世不恭的姿态和眼神配上装饰感极强的画风，征服了无数观者（图1-16）。

1.2.11 矢岛功（Isao Yajima）

矢岛功1945年生于日本长野县，是日本服装画家、设计教育家。矢岛功的画风清秀，灵韵十足，作品流露出东方人对现代时尚的独特理解。矢岛功的服装画及人体画热情奔放、风格洒脱，具有音乐般的节奏与动感，充满诗情画意，是世界服装画界的翘首。矢岛功认为服装画的各种表现手法，是服装艺术表现语言的多种形式。服装画的夸张手法，具备鲜明的个性特征，形的体现最为明显；简化手法，则具备简明扼要的特性；趣味手法对于服装画的创作者而言，则要懂得表达人物的性情。因此，他笔下的时装人物是T台上超模形态最具画面感的化身，淋漓洒脱的绘画风格，使画面充斥着音乐的律动（图1-17）。

图1-16 安东尼奥·洛佩兹的作品

图1-17 矢岛功的作品

1.2.12 阿图罗·埃莱娜（Arturo Elena）

阿图罗·埃莱娜1958出生于西班牙的特鲁埃尔，是西班牙著名的时装插画家。他的服装画把富贵、奢华、张扬的女性气息表现得淋漓尽致，完美拉长的轮廓线条、蒙着纱布的双眸、微启的性感红唇、优雅的颈部线条是他服装画的典型代表。从阿图罗·埃莱娜的绘画技巧到他的画风，这位自学的插画家引起了平面插画界的变革。他的作品在全球最顶尖的刊物上曝光，作品并不只是关于时尚界的主题，还可以欣赏到诸如布料的纹理和色彩等细节（图1-18）。

1.2.13 大卫·当顿（David Downton）

大卫·当顿1959年出生于英国伦敦。原本学习平面设计，从学校毕业之后却以出色的插画风格成功闯出名号。大卫·当顿善于掌握人体形态，简洁线条加上不做作的风格，让他在时尚界迅速窜红。他的作品自然飘逸，造型唯美，色彩明快轻柔，线条生动流畅，虚实变化有度，生动地勾勒出人物形体、面部神态，简洁的画面形式令人耳目一新。通过线条的粗细变化表现人物形体的光影立体效果与质感；用较为纤细飘逸的线条，体现了女性服装的轻柔舒适。色彩清淡柔和，人物传神，色彩的统一使人物融于画面，简洁的线条勾勒使人物若隐若现，具有写意特点。用水彩画法将人物形体结构、服装质感表现于画面；用浅淡的色彩表现人物形体关系的明暗变化；用线条的变化勾勒人体结构与服装光感变化（图1-19）。

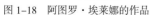

图1-18 阿图罗·埃莱娜的作品

图 1-19　大卫·当顿的作品

1.2.14 托尼·维拉蒙特（Tony Viramontes）

　　托尼·维拉蒙特 1956 年 12 月出生于美国的洛杉矶。托尼·维拉蒙特的作品在 20 世纪 70 年代末问世以后，仿佛给时尚插画一记棒喝。他以其粗犷、刚直的风格在时装插画这一领域里引起了极大的反响，与当时流行的偏向柔和的色彩和流畅的线条式的学院风格形成强烈的对比。作为 20 世纪 80 年代"新浪潮"时期的设计师，他笔下的女性形象热情豪放、富有女性的魅力，扑朔迷离的眼神中饱含热烈的情感，妖艳的新潮女郎浑身散发着狂放的气息，令观者为之震憾。他不喜欢被人称为"插画家"，而是自封为"艺术创造者"，致力于描绘幻想的创造者，他笔下超凡和引人入胜的作品是幽默与想象的完美结合（图 1-20、图 1-21）。

图 1-20　托尼·维拉蒙特的作品（一）

图 1-21　托尼·维拉蒙特的作品（二）

1.3　服装画的概念、类别、功能

服装画是以服装为表现主体，展示人体着装后的效果、气氛，并具有一定艺术性、工艺技术性的一种特殊形式的画种。

服装画是一门艺术，它是服装设计的专业基础之一，是衔接服装设计师与工艺师、消费者的桥梁。

服装画表现的主体是服装，脱离这一点，便难以称之为服装画。几个世纪以来，包括今天的艺术家们，对服装的热情从没有减退过，我们可以看到许多将服装描绘得灿烂辉煌的人物绘画作品，但这些作品之所以不能称之为服装画，是因为它们表现的主体是人而不是服装。

服装画具有另一个特点，即具有双重性质：艺术性和工艺技术性。首先，作为以绘画形式出现的服装画，它脱离不了艺术的形式语言。对于服装来说，服装本身便是艺术的完美体现。而以绘画形式、材料或创造方法来表现的服装画，则是其创作、绘制的基本要求。虽然近期出现的电脑服装画，脱离了传统的绘画工具材料，但从创作心理过程以及电脑最终所表现的视觉效果来看，电脑服装画仍然是属于绘画的形式范畴，只是其运作过程和表现的方式与传统的服装画有所不同。其次，服装画的工艺技术性，是指作为服装设计专业基础的服装画不能摆脱以人为基础并受服装制作工艺制约的特性，即在表现过程中，需要考虑服装完成后，穿着于人体之上的服装效果并满足工艺制作的基本条件。

1.3.1 服装画的分类

服装画具有多种类型，大致可以归纳为以下四类。

1.3.1.1 服装设计草图

服装设计是一项时间性相当强的工作，需要设计者在极短的时间内，迅速捕捉、记录设计构思。这种特殊条件使得这类服装画具有一定的概括性、快速性，而同时又必须让观者通过简洁明了的勾画、记录，读懂设计者的构思。一般来说，具有这种特性的服装画，便是服装设计草图。

服装设计草图可以在任何时间、任何地点，以任何工具，甚至简单到一支铅笔、一张纸便可以绘制。通常设计草图并不追求画面视觉的完整性，而是抓住服装的特征进行描绘。有时在简单勾勒之后，采用简洁的几种色彩粗略记录色彩构思；有时采用单线勾勒并结合文字说明的方法，记录设计构思、灵感，使之更加简便快捷。人物的勾勒往往省略或相当简单，即使勾勒，也是侧重某种动势以表现服装的动态预视效果，而省略人物的众多细节（图1-22）。

1.3.1.2 服装效果图

服装效果图是对服装设计产品较为具体的预视，它将所设计的服装，按照设计构思，形象、生动、真实地绘制出来。人们通常所指的"服装效果图"，便是这种类型的服装画。准确地说，"服装效果图"是服装画分类中的一种，是我们通常口语表述的服装画。与服装效果图相比，服装画的内涵则更大、内容更丰富，它包括服装画的多种形式，它们之间因所绘制的目的不同而有别。如服装插图是为杂志、报刊等绘制的，它需要一定的艺术性。而服装设计草图则是记录设计构思时所采用的，它着重记录款式。

服装效果图有装饰风格、写实风格等。

装饰风格——抓住服装设计构思的主题，将设计图按一定的美感形式进行适当地变形、夸张艺术处理，最后将设计作品以装饰的形式表现出来。装饰风格的服装画不仅可以对服装的主题进行强调、渲染，还能将设计作品进行必要的美化。变形夸张的形式、风格、手法是多

样的，设计者往往在设计服装作品时，对所设计作品的特点进行重点强调，可采用多种手段。通常，设计师所表现的服装效果图，多少带有一定的装饰性（图1-23）。

写实风格——按照服装设计完成后的真实效果进行绘制的结果。由于这种风格的写实性，绘制就需要一定的时间，而设计师们的工作往往是紧张、忙碌的，所以，设计师平时并不十分愿意采用这种方法来绘制服装画。当偶尔要表现这种风格的设计图时，则会结合一些特殊的服装画技法，以便节省时间。如采用照片剪辑、电脑设计、复印

剪贴等，这些都是较为方便、快捷，且能达到良好效果的捷径。

1.3.1.3 商业服装设计图

商业服装设计图在商业服装界中，是作为产品交易而广泛运用的服装画。它具有工整易读、结构表现清晰、易于加工生产等特点。通常采用以线为主的表现形式，或者采用以线加面、淡彩绘制等方法描绘而成。对服装的特殊部位、面辅料、结构部位等，需要有特别图示说明，或加以文字解释、面料辅助说明。这种设计图极为重视服装的结构，需要将服装的省缝、结构缝、明线、面料、辅料等交代清楚，

图1-22 迪奥的设计手稿

Summer

图1-23　汉帛杯优秀设计效果图

仔细描绘。对于人物的描绘，有时可全部省略，只留下重点表现的服装突出部分。商业服装设计图与服装工艺的款式平面图的区别在于：商业服装设计图的最终效果表现的是着装后的效果、着装后的氛围。虽然有的商业服装设计图省略了人物，但其目的是让服装更加突出、鲜明（图1-24）。

1.3.1.4 服装艺术广告画与插图

服装广告画与插图是指那些在报刊、杂志、橱窗、看板、招贴等处，为某服装品牌、设计师、流行预测或服装活动而专门绘制的服装画。与商业服装设计图相反，服装广告画与插图注重其艺术性，强调艺术形式对主题的渲染作用，依靠服装艺术的感染力来征服观者（图1-25）。

服装广告画及插图的艺术风格多种多样。有的服装插画家笔下的服装画，实质上是一张纯粹的绘画作品，是绘画艺术与服装艺术的高度统一；有的服装广告画与插图则相当精炼、简洁；而有的服装广告画与插图看上去就如同一幅完美的艺术摄影照片。

除此之外，还有专门以服装为主题的服装绘画，它不以某种商业（如广告、设计等）价值来衡量，而是以一种装饰性的服装画形式出现，具有较高的艺术欣赏性。

1.3.2 服装画的艺术风格

风格是服装画的灵魂，服装画的风格可分为两种：一是写实风格；二是装饰风格。在服装画中，这两种风格是交替使用的。在服装设计草图中，通常讲究快速地记录构思，所以只要将设计构思较准确地记录下来即可，对于风格并不讲究。而在服装效果图中，则更多地

图1-24　商业服装设计图

图1-25　矢岛功的作品

运用装饰风格，因为它可以强调设计师的设计精神。在商业服装设计图中，常常使用写实风格的服装画，这样，可以使服装画更趋于真实。在服装艺术广告画与插图中，服装画则使用两种风格的画种。逼真的服装画能营造真实的艺术风格，而夸张的装饰性服装广告与插图，能将观者带入想象的艺术世界，在加强艺术形式美感的同时，强调服装画的内容与设计精神。

1.3.2.1 服装画的写实风格

服装画的写实风格，是将服装款式、服装人物，基本按照真实的比例绘制。服装画中"写实"具有一定意义上的夸张和装饰的成分。服装画中的人物比例，通常采用9个头或以上的比例，而按9个头比例绘制的服装画，对其他部分并不着意进行夸张与变形，这种服装画称之为写实风格的服装画。

在写实风格的服装画中，写实其实是相对概念。对于人物，其造型动势、形象特征，按一定的规律进行真实写照；款式按人物的比例进行表现，真实再现款式的实际特征；表现色彩时，抓住其固有色的色彩特征进行绘制；对于服装结构，以实际比例进行刻画；绘制面料时，以同样的方式对面料的花纹、面料的质感进行表现；而对于服装配饰，以其特征、质与形进行刻画。总之，忠实于客观，是写实风格的基本特征（图1-26）。

写实风格的服装画有两种类型：一种是以实际对象本身的固有特征为基础；另一种是以客观实际中的对象关系因素为基础。两者有本质的区别。前者只是相对写实，以表现对象的特征为主，而使画面具有写实中的装饰风格，这种服装画，常常被我们称之为偏向写实的服装画；后者表现为具有照片风格的真实写照。

1.3.2.2 服装画的装饰风格

服装画的装饰风格是指服装画中所表现的形象，经过特定的夸张、变形，以及对某些特征部分的强调，赋予了服装画所表现的对象以新的形式美感。服装画的装饰手法，常常采用对形象的夸张变形，也就是在造型中，对象被有意拉长、扭曲，或按一定的规律获得韵味；色彩按一定的意图进行了处理；在面料的表现中，面料被按照

图1-26　写实风格的服装画

一定美感形式美化。在装饰服装画的表现手法中，形的夸张，可能是按一定的几何形式，或一定的曲线形式，甚至可能是毫无规律的形式进行。如表现某种服装款式中的面料，其中面料的花纹，有可能被装饰成三角形、方形，或有可能被夸张成圆形、椭圆形，亦有可能被变成其他任何的形状。

服装画夸张与装饰的程度受服装设计意图、风格因素、服装款式、工具材料等的影响。在服装设计中，服装效果图通常采用夸张较小的装饰形式，而在服装广告画与插图中，夸张变形的程度较大。当夸张到相当大的程度时，这张服装画便会变成一幅抽象的服装画，而为一般人所难以理解。

装饰性的服装画，可以使用多种工具材料，特殊工具材料的本身，也对装饰性起一定的作用。反之，当统一装饰内容、手法时，采用不同的工具材料，也能使服装画产生截然不同的艺术效果（图1-27）。

1.3.3 服装画的学习与研究

学习服装画，需要一定的绘画及人物造型基础。初学者可以先掌握工艺平面图的技巧，然后逐步学习一定的绘画基础知识，如人物造型基础以及一定的色彩表现基础等。除掌握一定的绘画技巧，学习服装画还必须掌握一定的服装方面的知识，如服装设计和服装工艺知识等。对服装画的表现技法、艺术风格及电脑服装画进行深入地研究和探讨，更便于在服装画更深层次的领域中进行拓展。

图1-27 装饰风格的服装画

第二章　服装画人体表现技法

◆＞**教学目的**：了解人体的比例、人体姿态与重心的关系及
　　　　　　　　五官等细部的绘制。

◆＞**教学要求**：熟练掌握人体比例、不同人体动态以及人体
　　　　　　　　细部的绘制，能正确绘制服装画人体。

2.1　人体的比例

学习服装画，必须学习人体，因为服装与人体有着密不可分的关系。对研究服装画的人来讲，了解人体可以熟练地表现服装设计的意图，可以使服装作品更符合人体功能需要。

对人体的审美标准因时空、传统习俗、文化、道德观念等不同而各异。为了寻找具有普遍意义且较优美的人体形态，人们对不同人种的体型、肤色等因素进行大量对比、测定与选择。目前被公认的理想人体是西方人种学家费里奇教授提出的8个头长比例，即以头长为单位，从头顶至脚底总长为8个头长。后来，这一比例成为服装设计师塑造

理想服饰形式的人体标准。人们又称这一比例的人体为服装人体。对于服装设计来说，服装画中的人物表现在于追求人物各部位比例的协调，及动态造型上良好的气质表现，因此与一般客观的人体比例有所区别，一般正常人的比例为7个或7.5个头长，而服装画中的人体则夸张，为8个、9个、10个，甚至11个头长。为了追求美感，一般上半身的比例不加长（图2-1、图2-2）。

本书采用的人体比例为9个头长，是适合初学者的一种常见比例，也符合当下的审美。

2.1.1 女性人体比例

女性人体的基本特征是骨架、骨节比男性小，脂肪发达，外形丰满，外轮廓线呈圆滑柔顺的弧线。头部外形和前额较圆，颈细。肩与两大转子连线的长度相当，所以女性躯干的概括型可设定为正方形。腰部两侧具有顺畅的曲线特征，乳房突起，呈圆锥形，臀部丰满厚圆。女性的手和脚较小（图2-3）。

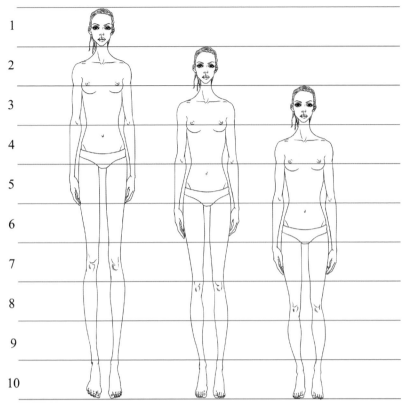

图 2-1 女性 10 个头长比例关系图

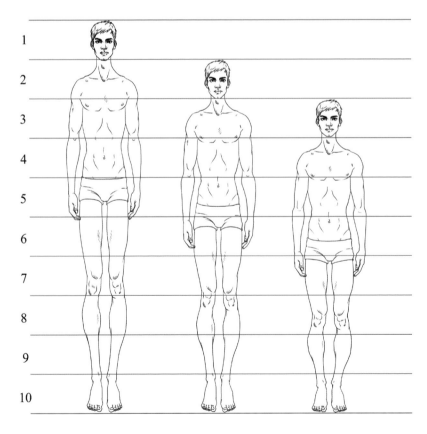

图 2-2 男性 10 个头长比例关系图

2.1.1.1 垂直比例

a. 画出中心线，定出人体比例分格，决定人体各部位的位置。

b. 以垂直中心线为轴，以头长为单位。

c. 以脸宽度的 1/2 画出颈宽。

d. 在第二等分的接近 1/3 处画出肩线。

e. 在肩线与下颌中间画出颈部。

f. 第 2 个头长位于下颚至乳点。

g. 第 3 个头长位于乳点至腰节。

h. 第 4 个头长位于腰节至横裆。

i. 第 5 个头长位于横裆至大腿中部。

j. 第 6 个头长位于大腿中部至膝盖。

k. 第 7 个头长位于膝盖至小腿中部。

l. 第 8 个头长位于小腿中部至脚踝。

m. 第 9 个头长位于脚踝至脚尖。

2.1.1.2 横向比例

a. 头宽 0.6 个头长。

b. 肩宽为 2 个头长。

c. 腰宽度为 1.5 个头长。

d. 臀宽度为 2 个头长。

e. 手背与手指长度相等。

f. 手掌等于 1 个头长。

g. 双臂为 1 个人高。

2.1.1.3 位置确定

a. 肩与锁骨平齐。

b. 肘与腰平齐。

c. 手腕与下裆平齐。

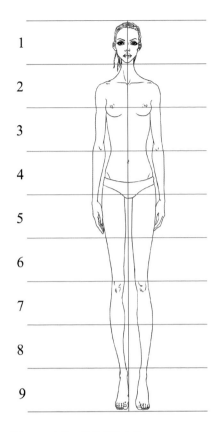

图 2-3 女性 9 头身标准人体

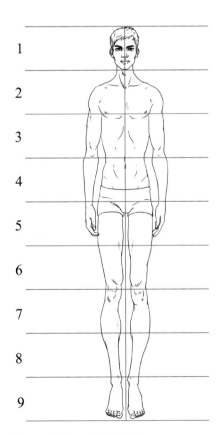

图 2-4 男性 9 头身标准人体

2.1.2 男性人体比例

男性人体基本特征是骨架、骨节较大，肌肉发达突出，轮廓线直而明显。头部骨骼方正、突出，前额平直，颈粗。肩宽一般为 2 个头长，胸腔呈明显的倒梯形，胸部平实。腰部两侧的外轮廓线较直，其宽度约为 1 个头长。因男性臀部小，且大转子连线的长度短于肩宽，从而使男性人体的躯干基本形成倒梯形。男性的手和脚偏大（图 2-4）。

2.1.2.1 垂直比例

a. 画出中心线，定出人体比例分格，决定人体各部位的位置。

b. 以垂直中心线为轴，以头长为单位。

c. 以脸宽度的 1/2 画出颈宽。

d. 在第二等分的接近 1/3 处画出肩线。

e. 在肩线与下颌中间画出颈部。

f. 第 2 个头长位于下颚至胸点。

g. 第 3 个头长位于胸点至腰节。

h. 第 4 个头长位于腰节至横裆。

i. 第 5 个头长位于横裆至大腿中部。

j. 第 6 个头长位于大腿中部至膝盖。

k. 第 7 个头长位于膝盖至小腿中部。

l. 第 8 个头长位于小腿中部至脚踝。

m. 第 9 个头长位于脚踝至脚尖。

2.1.2.2 横向比例

a. 头宽 0.6 个头长。

b. 肩宽为 2.5 个头长。

c. 腰宽度为 1.5 个头长。

d. 臀宽度为 2 个头长。

e. 手背与手指长度相等。

f. 手掌等于 1 个头长。

g. 双臂为 1 个人高。

2.1.2.3 位置确定

a. 肩与锁骨平齐。

b. 肘与腰平齐。

c. 手腕与下裆平齐。

2.2 人体姿态与重心的关系

研究人体姿态，首先必须了解人体的重心平衡规律。所谓重心是指人体力量的中心，而重心线是指通过人体重心向地面所引的一条垂直线。人立正时，肩线、臀线是平行的。重心落在双脚中间，人体平衡。但如果把全身的重量落在一只脚，脚的支撑力使该侧骨盆呈倾斜状态，肩的横线就往相反的力方向倾斜，使身体在重心偏移的情况下保持平衡。事实上，人的所有动作都离不开这一重心、平衡的规律（图2-5 ~ 图2-7）。

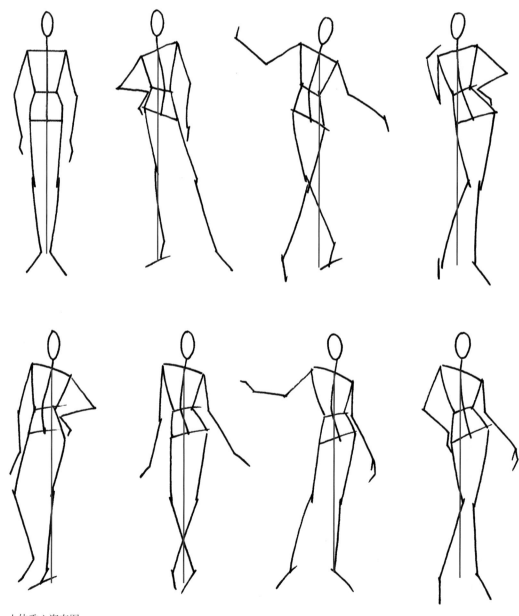

图 2-5　人体重心姿态图

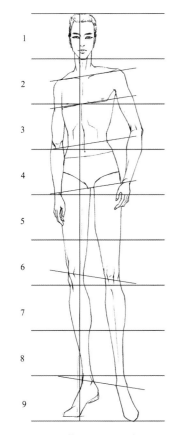

图 2-6 女性人体重心偏移示意图

图 2-7 男性人体重心偏移示意图

2.3 头部表现与五官特征

2.3.1 头部的表现

头部的眼、眉、鼻、嘴、耳为五官。表现五官时，用"三庭五眼"法分配它们在头部的位置，以头的中心线为基础来确定。头顶至下颌骨的1/2处为眼角连线，头顶骨与前额额骨的交接处是发际线的大致位置，从发际线到下颌骨在中心线上分成三等分。由发际线向下，第一条等分线为眉线，第二条为鼻底线。我们把这三等分称为"三庭"。从两耳内侧，在眼角连线上分成五等分，这叫"五眼"。按照"五眼"确定眼睛的长度（图2-8、图2-9）。

图 2-8 女性头像

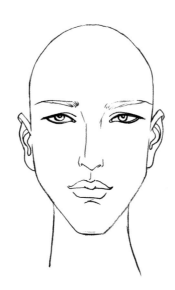

图 2-9 男性头像

2.3.2 眼睛

眼睛由上眼睑、下眼睑、眼裂、眼白、瞳孔、虹膜组成。眼形可分为方形眼、圆形眼（虎眼、杏眼）、丹凤眼、三角眼等（图2-10）。

描绘眼部时，要注意上下轮廓线的圆滑感，上眼线较下眼线深。眼珠约隐藏1/4在上眼皮中心位置稍偏眼尾，瞳孔的光点可随光线的来源方向变化。眼尾加上睫毛，弧度向上弯曲，笔触由重渐轻。

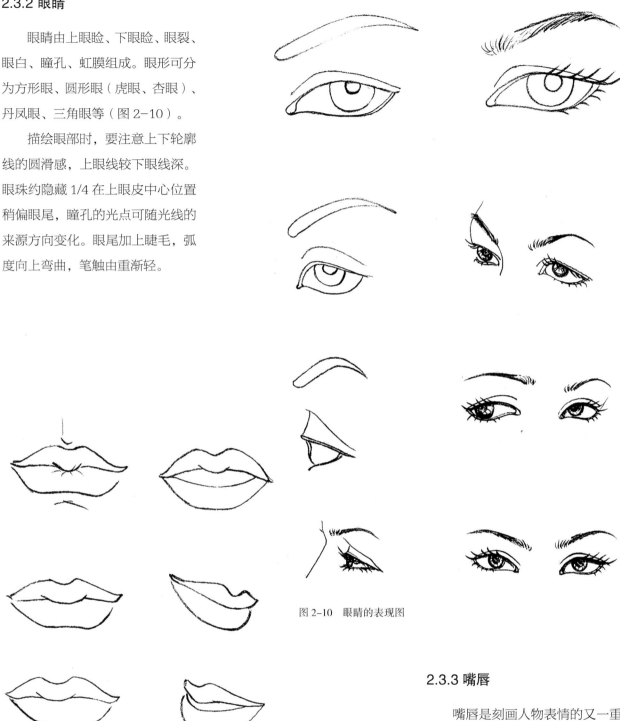

图 2-10　眼睛的表现图

2.3.3 嘴唇

嘴唇是刻画人物表情的又一重点。嘴唇的上方有人中，接下来依次有上唇、上唇结节、嘴角、唇侧沟、下唇、颏唇沟。作为表达人物表情的一个器官，它的形状总是呈弧形趋势（图2-11）。

图 2-11　嘴唇的表现图

2.3.4 鼻子

鼻子在脸上的表现也很重要，对刻画人物有着举足轻重的作用。鼻子分鼻骨、鼻球、鼻翼三部分，在一定程度上也能将人物的气质和个性表现出来。鼻子宽大，表现出人物的敦厚老实；鼻子狭窄，给人一种精明、自私的感觉。鼻子处于脸部的正中位置，因而要注意它的长短体积、形状特征在脸部的表现。在服装画的绘制中，不要过于刻画鼻子的细节，要简洁生动、准确地把握形态（图2-12）。

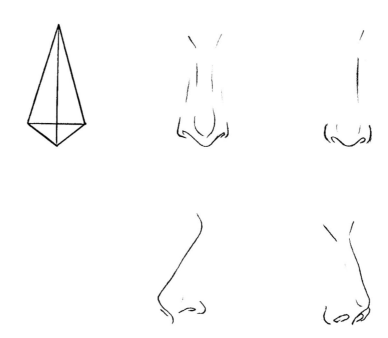

图2-12　鼻子的表现图

2.3.5 耳朵

耳朵的结构主要由外耳轮、耳屏、三角窝、耳垂等组成。耳在五官中处于不太重要的位置，它在脸的两旁。在绘制耳朵时，一定要熟悉它的结构，概括地画出耳朵的形状、大小、比例等（图2-13）。

图2-13　耳朵的表现图

2.3.6 发型的表现

发型在服装设计中扮演着重要的角色，不同的发型如短发、长发、卷发各有不同的风格，必须和服装配合恰当。协调的发型将使服装的风格更具整体感。

发型的画法可分两种：一种为写实画法，用 2H ~ 3B 的铅笔仔细描绘出发丝和明暗；另一种为写意画法，并不需要一笔一划地描绘发型，只是画出正确的轮廓，表现出柔和的意境即可（图 2-14 ~ 图 2-16）。

图 2-14　女性发型图（一）

图 2-15　女性发型图（二）

图 2-16 男性发型图

2.3.7 头像的综合表现

　　服装画的人物头像处理非常关键，可以更好地表现服装画的艺术风格。一般来说服装画的人物头像处理有以下几个方面。

2.3.7.1 写实手法

　　所谓写实服装效果图人物头像就是面面俱到的刻画，这里指的是针对不同服装要有不同的头像处理方法，一般写实人物头像要求在人体、服装款式上采用写实方法（图2-17～图2-19）。

图 2-17　彩色头像表现（一）

图 2-18 彩色头像表现（二）

图 2-19 彩色头像表现（三）

2.3.7.2 夸张手法

服装画人物头像的夸张处理在服装效果图的视觉表现方法中最为常见。通过对人物形象的引伸提炼，从而形成一种有夸张性的服装效果图。具体地说，是将人物形象的造型，通过变形和夸张进行描绘，使人物头像特征更为明显（图2-20）。

2.3.7.3 简练手法

简练手法人物形象是指采用单线以少量的笔触简单扼要绘制出人物形象，线条不宜过多，要有代表性。绘制画稿时应注重简单、明快的效果，以抽象的点、线、面、色彩快速准确地刻画，舍弃复杂的造型，运用线条的虚实来完成画面（图2-21、图2-22）。

图2-20　夸张手法的头像表现

图2-21　简练手法的头像表现（一）

图 2-22　简练手法的头像表现（二）

2.4　手部与脚部的画法

2.4.1　臂

在刻画人物四肢时，必须时刻牢记它们都是立体的，具有空间造型。手臂的线条从肩而下，呈现一定的弧度，用笔要流畅。应注意手臂的粗细变化，画肘部时要注意骨点，应自然突出，不能画得僵硬。前臂与手之间是腕部，是手臂最灵活的部位，要依次画出（图 2-23）。

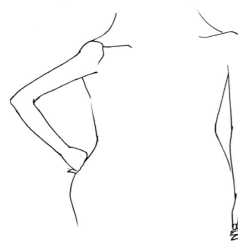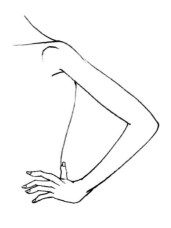

图 2-23　手臂的表现

2.4.2 手

手由手指与手掌组成。由于手上有许多关节，所以手部动作十分丰富。手掌似扇形，这就决定了手指的活动特点。手指的关节都在同一弧线上。手指的形状近似四方形，上粗下细，绘制时切忌画得太圆，也不能画得上下一般粗。女性的手纤细而柔软，画时宜用圆润流畅的线条来表现；男性的手关节较明显，宜用棱角分明的线条来表现。服装画中对手型描绘要适度地夸张，不要把手画得太小，刻画要简洁概括，着重于整体姿态的表现，而不是去表现具体、细微的结构。

在服装画中，手的描绘不必过于注重细节，要简洁生动，多采用省略画法，将优美的动态造型绘出即可。一般来讲只需画出两根完整的手指，其余画出一个完整的形态。可以将其他手指自然收拢。要注意手的长短、宽窄比例、前后的透视关系，不要将四指画成并列的形状（图2-24、图2-25）。

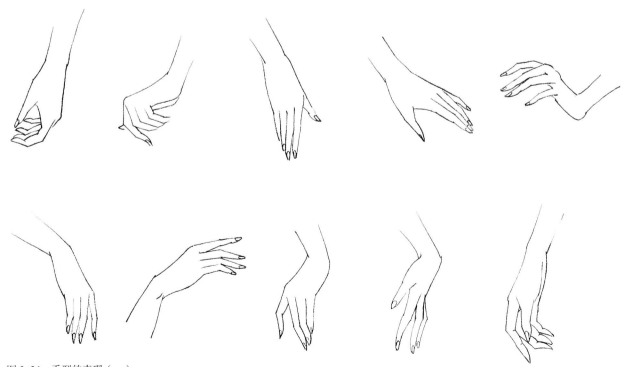

图2-24 手型的表现（一）

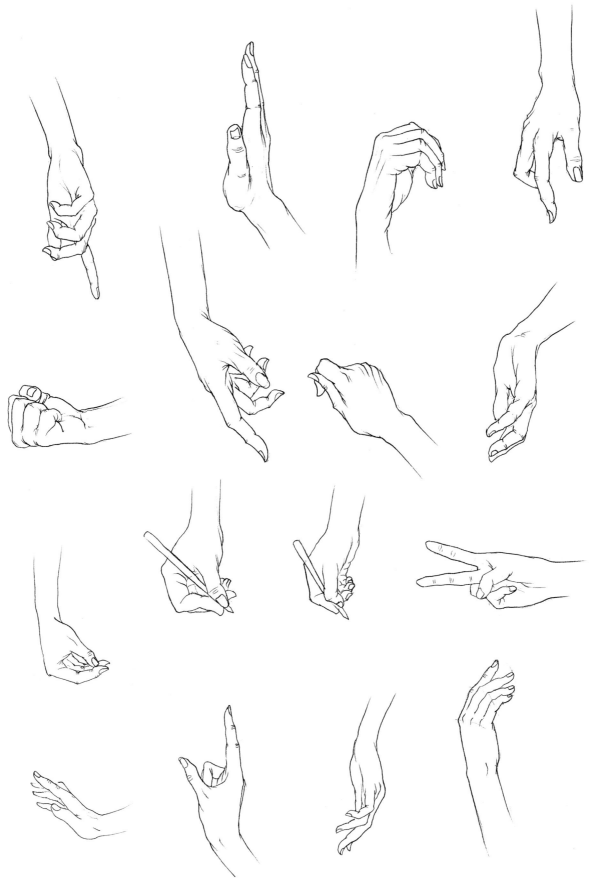

图 2-25　手型的表现（二）

2.4.3 脚

脚是人体站立和各种动作的支撑点，只有正确描绘脚的姿势，人体各种生动的美感才能体现出来。

画脚时，两脚的位置及其形成的角度与人物的姿态、重心要一致。要注意脚的透视和左右脚的对应关系，刻画双脚时必须注意后面的脚要稍小一点，以体现前后的空间透视变化。还要注意脚趾、脚背和脚腕三个部分在同一动态时的相互影响。脚部各关节不能过分强调，用线描绘要柔和，要注意脚和鞋跟的关系。脚长接近头的长度，但在长度上可以略微夸张，才能显得脚型修长，时刻记住它们是立体的。在画鞋时要特别注意鞋的式样、结构。在表现穿鞋的脚时，应先将脚的结构画好，然后根据其动态和透视关系画上鞋子。

脚的内踝、外踝的正确描绘也很重要。通常先画出脚的基本形和结构线，注意其内踝、外踝的高低，然后画出弧线，定出脚趾关节，并注意脚的透视变化。最后，画出脚的细节及鞋的结构，如脚趾、鞋带及鞋跟，注意检查基本形（图2-26）。

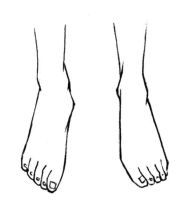
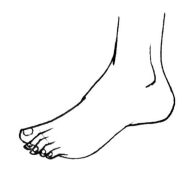

图 2-26　脚型的表现

2.4.4 腿

腿部的骨胳可分为大转子、股骨、髌骨、胫骨、腓骨等。腿部肌肉可分为股内侧肌群、股四头肌、缝匠肌、腓肠肌、胫骨前肌，以及比目鱼肌等。在服装画中，性感、修长的腿部描绘也是重点。在腿的画法中，线条要圆润、纤细，关节部位不能过分强调（图2-27）。

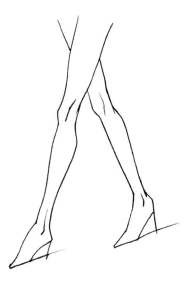

图 2-27　腿型的表现

第三章　服装画的基础表现技法

◆ > **教学目的**：了解线条的特点和表现形式，能熟练运用线条表现服装的面料质感、褶皱、服装的配饰及装饰图案等。

◆ > **教学要求**：熟练绘制服装画线条，准确表现服装款式及配饰等，掌握不同形式的服装画线条的具体运用。

3.1 线条的表现

线条是传统绘画造型的重要手段，同时，也是服装画的造型基础，讲究勾勒、转折、顿挫、浓淡、虚实等。服装画的用线可以说它既是源于传统绘画的用线，又是不同于传统绘画的用线。服装画中线的画法要求整体、简洁，高度地概括、提炼，以突出表现服装的面料质感和款式的结构特征为宗旨，是以线条来表现服装轮廓造型，尤其用线条的曲直、粗细、轻重来体现面料的质感。因此，了解并熟练运用线条，把握其中的规律显得尤为重要。

从表现面料质感和艺术效果的角度来讲，服装画的用线通常有以下三种形式。

3.1.1 匀线

匀线的特征是线条挺拔刚劲、清晰流畅。匀线适合表现一些轻薄而柔韧性强的面料，如丝绸、纱、人造丝等，使服装的造型规整、细致，且富有一定的装饰情趣。画匀线时一般采用绘画笔、钢笔等（图3-1）。

3.1.2 粗细线

粗细线的特征是运笔粗细兼备，刚柔结合，生动多变。粗细线一般适合表现一些较为厚重且柔软的悬垂性强的面料，使服装画中的服装造型具有一定的立体感（图3-2、图3-3）。

3.1.3 不规则线

不规则线常常是借鉴和吸收传统艺术中的诸如石刻、画像砖、瓦当及青铜器纹饰的用线特征。线条古拙苍劲、浑厚有力、顿挫有致。不规则线适合表现一些表面凹凸不平的面料。不规则线一般是用毛笔或较粗的铅笔、炭笔来勾勒，运用笔的侧锋，在勾勒过程中手臂自然地抖动（图3-4）。

简而言之，服装画的用线可根据不同的面料质感和不同的服装造型风格来选择。以上所讲到的三种用线是服装画最基本的用线，但并非是唯一的选择。在艺术实践中可以创造出多种多样的用线，以丰富

图 3-1　匀线的服装表现

图 3-2　粗细线的服装表现（一）

服装画的表现效果。值得注意的是，不可一味地追求线条的风格，无论采用哪种线条，均应以体现服装的面料特征和造型特征为目的。因为服装画的任何一种表现技法均离不开线，所以线条在服装画技法中是基础之基础，应用心体会其中的规律所在，不断实践。

图 3-3　粗细线的服装表现（二）

图 3-4 不规则线的服装表现

3.2 褶皱的表现

在服装画中，对于服装褶皱的处理也是值得注意的问题。服装褶皱可分为衣纹和衣褶。衣纹对于人体起陪衬作用，衣褶则显示着服装的结构特征。

3.2.1 服装衣纹的表现

所谓衣纹是指着装人体由于运动而引起的衣服表面的褶皱变化，这些变化直接反映着人体各个部位的形态及其运动幅度的大小。当人体各个部位运动时，由于牵引的作用导致衣服的某些地方出现了余量，这些多余的部分堆积起来就产生了衣纹。衣纹一般多出现在四肢的关节处、胸部、腰部及臀部等活动部位。

另外，由于服装面料的品种丰富多彩，质感各异，所产生的衣纹也各具特色，这就给服装画中衣纹的处理带来一定的难度。用不同风格的线条来表现各种面料的衣纹感觉并非是一件容易的事情，但有一点是显而易见的，各种面料的质感与构成此种面料的纤维性能有着直接的关系，在绘图时可以从中寻找到一定的规律。例如棉麻类织物的衣纹线条是挺而密集的；丝织物的衣纹线条是长而流畅的；毛织物的衣纹线条是圆而柔和的；化纤类织物的衣纹线条是硬而富有弹性的。另有一些多种纤维混纺织物、皮革类、皮草类及现代新型纤维织物等均有着不同的衣纹感觉，要善于选用与各种织物的衣纹感觉相适宜的线条来加以表现和进行艺术处理（图3-5～图3-9）。

图3-5　牛仔服装的衣纹表现（一）

图 3-6　牛仔服装的衣纹表现（二）

图 3-7　棉质服装的衣纹表现（一）

图 3-8　棉质服装的衣纹表现（二）

图 3-9　皮草服装的衣纹表现

3.2.2 服装衣褶的表现

　　衣褶和衣纹有着本质上的区别，如果说衣纹是自然产生的话，那么，衣褶则是人为创造的。衣褶的产生与服装制作工艺手段有着直接的关系。常见的衣褶一般分为自然褶和规律褶两种：自然褶即用绳、带、松紧带或其他手段抽系、折叠而形成的没有规律的褶皱，这种褶给人的感觉是自然而洒脱；规律褶即运用服装工艺手段而制成有规律的褶皱，这种褶给人的感觉是严谨而规整，以上两种衣褶均为服装设计的表现手段之一。利用衣褶的各种变化和不同的艺术处理已成为现代服装的重要特征之一（图3-10～图3-12）。

　　在画服装画时，对衣褶应该客观表现，而对于衣纹其线条的处理则是以简化、概括为准则。

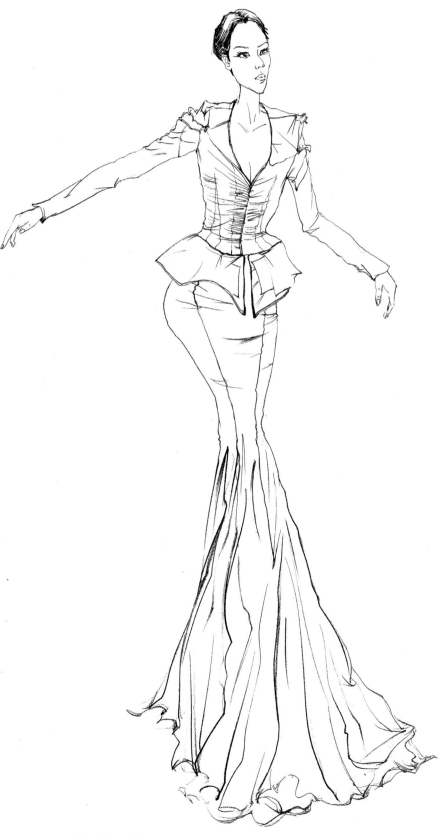

图 3-10　服装衣褶的表现（一）

图 3-11　服装衣褶的表现（二）

3.3 配饰的表现

为了体现服装画的完整性，对于服装画的完整性，对于服饰配件也应该清楚地表现。服饰配件一般包括帽子、首饰、包、鞋等。

3.3.1 帽子的表现

由于帽子与服装常常是同时出现的，因此，应该注意帽子的造型与服装整体的一致性和协调性。在服装画中需表现出各种帽子的造型特征和结构特征（图3-13）。

图 3-12　服装衣褶的表现（三）

3.3.2 首饰的表现

首饰分布在人体的各个部位，与服装形成一个有机的整体。应根据不同的服装特点和风格来表现相适应的首饰造型。一方面，首饰作为服饰的组成部分，其造型是极为考究的，特别是在一些高档礼服或高级时装中，首饰往往占有重要的位置，起到画龙点睛的作用；另一方面，就整套服装的装饰效果而言，首饰毕竟是用来陪衬和烘托主体服装的，因此，要注意首饰与服装的宾主关系，不可喧宾夺主而影响了服装造型的充分展示（图 3-14、图 3-15）。

图 3-13　帽子的表现

图 3-14　首饰的表现（一）

图 3-15　首饰的表现（二）

3.3.3 包的表现

与服装的发展变化一样，包的式样繁多，材质也多种多样。对于包的表现主要是注重其造型结构特征与服装造型的统一关系（图3-16、图3-17）。

图 3-16　手包的表现

图 3-17　箱包的表现

3.3.4 鞋的表现

鞋的式样十分丰富，其造型结构也千变万化。对于鞋的表现是有一定难度的。尤其是一些运动鞋的式样，结构极为复杂。相反，一些结构简洁的鞋，其造型曲线又极为严谨和微妙，需要耐心体会和反复实践才行。

另有一些配件，如腰带、手套、袜子等，都应依据整体服装的需要，概括而准确地进行表现。值得注意的是，服饰配件是作为服装的附属品而存在的，因此，对于服饰配件的表现，既要结构准确，又要根据画面整体需要来选择表现的虚实（图3-18）。

图 3-18　鞋的表现

3.4 装饰图案的表现

服装画中对于图案的表现主要为服装面料上的图案和装饰在服装上的各种图案。一般面料上的图案有印花图案和织花图案两种，其图案种类主要有花卉图案、植物图案、动物图案、人物图案、风景图案、几何图案、条格图案及抽象图案等。图案的构成形式有单独图案、适合图案（也称适形图案）、二方连续图案、四方连续图案等。装饰在服装上的图案需要通过一定的装饰工艺实现，常见的装饰工艺有数码喷墨印花、刺绣、蕾丝、手绘、镂空、剪贴、手工钉珠、绗缝和编织。各种工艺技术与图案可以完美结合。图案的装饰部位一般也有讲究。单独图案和适合图案多用在胸部、背部等部位；二方连续图案和四方连续图案多用在领子、门襟、下摆、袖口等部位。

在服装画的绘制过程中，需要表现出各种装饰图案的装饰工艺特点和装饰风格。要善于根据不同的服装类型来选择不同的图案种类，根据服装的装饰部位来确定图案的构成形式，进而根据不同的图案形式来选择相应的装饰工艺。

服装画中对于装饰图案的表现要注意以下两个方面。

3.4.1 图案的整体性

图案的表现力求做到整体、概括、简洁明了，抓住图案主体的构成形式和格局特征。初学者常常过于细腻地去刻画图案本身，结果适得其反。经验告诉我们，越是刻画得细腻，图案的整体造型感觉就越不好。同时，应注意图案的构成形式与服装造型风格的整体性统一。

3.4.2 图案的工艺特点

在图案的表现过程中，一方面，要表现图案本身的构成形式，包括其聚散、虚实、层次的处理，色彩的搭配关系等。另一方面，要表现图案的装饰工艺特点，如刺绣和补花工艺是立体的，具有一定的厚重感；抽纱工艺是镂空的；蜡染工艺给人一种粗犷、奔放的感觉；而扎染工艺则给人以虚幻、飘渺的美感。总之，要把握住这些装饰工艺给人的直观感觉并适度地强化。同时，还应注意图案的工艺特点与整体服装造型的协调统一（图 3-19 ~ 图 3-27）。

图 3-19 蕾丝服装图案表现　　　　　　　　　　　　图 3-20 民族图案表现

图 3-21　镶嵌图案表现　　　　　　　　　　　　　　　图 3-22　条纹图案表现

图 3-23　几何图案表现（一）　　　　图 3-24　几何图案表现（二）　　　　图 3-25　不规则图案表现（一）

图 3-26　不规则图案表现（二）

图 3-27　花卉图案表现

第四章 绘画工具的使用技巧

◆ > **教学目的**：能够运用不同绘画工具熟练表现服装材质及服装色彩。

◆ > **教学要求**：掌握常用绘画工具的特点、性能，掌握绘制表现方法与技巧。能根据服装类型、风格选择合适的工具来表现。

可以用来绘制服装画的工具很多，一般来说，选用常用工具中的某些工具，就可以满足基本绘制要求。对于特殊技法绘制的服装画，可以运用一些特殊的工具，如电脑工具、喷笔工具等。工具材料大致分为常用工具、颜料、纸张以及特殊工具。根据服装行业的现状，下面介绍几种常用的绘画工具。

4.1 钢笔

钢笔是极为常用的工具之一。可以选用弯头钢笔或多种型号的宽头钢笔，但要注意的是，宽头钢笔的特点是可以画出较宽阔的线迹，当表现连续、均匀、弯曲的线时，

宽头钢笔不能胜任。钢笔的墨水，可选用质量较好的黑色绘图墨水，要保持钢笔的清洁，以保证墨水流畅。此外，还要注意线条的准确性，因为钢笔绘图是不能修改的（图4-1、图4-2）。

4.2 彩色铅笔

彩色铅笔分为水溶性与蜡质两种。水溶性彩色铅笔，可以在绘制后，通过清水渲染而达到水彩的效果，同时也可作一般性彩色铅笔使用。

彩色铅笔的特点：携带方便，色彩丰富，表现手段快速、简洁。

彩色铅笔的基础技法：

（1）平涂排线法。运用彩色铅笔均匀排列出铅笔线条，达到色彩一致的效果。

图4-1 钢笔表现的服装画（一）

图4-2　钢笔表现的服装画（二）

（2）叠彩法。运用彩色铅笔排列出不同色彩的铅笔线条，色彩可重叠使用，变化较丰富。

（3）水溶退晕法。利用水溶性彩铅溶于水的特点，将彩铅线条与水融合，达到退晕的效果。

彩铅的绘制方法：

彩色铅笔不宜大面积单色使用，画面会显得呆板、平淡。在实际绘制过程中，彩色铅笔往往与其他工具配合使用。如与钢笔线条结合，利用钢笔线条勾画空间轮廓、物体轮廓，运用彩色铅笔着色；与马克笔结合，运用马克笔铺设画面大色调，再用彩铅叠彩法深入刻画；与水彩结合，体现色彩退晕效果等。

彩色铅笔有其特有的笔触，用笔轻快，线条感强，绘制时应注重虚实关系的处理，体现线条的美感（图4-3～图4-5）。

图4-3　彩铅表现的服装画头像

图4-4　彩铅表现的服装画（一）

图 4-5 彩铅表现的服装画（二）

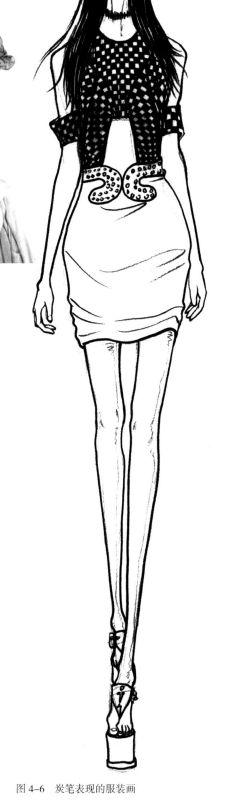

4.3 炭笔

运用铅笔勾勒时，常常会感到颜色深度不够，特别是勾勒有深色的外形时，若采用绘图炭笔，便可解决这个问题。由于炭笔的黏附力不强，在绘制后，可配合使用绘画用定型液，以解决炭笔着色后的附色牢固性问题（图4-6）。

4.4 马克笔

用马克笔作画，是服装画绘制技巧中较为快捷的一个方法。因为马克笔既可以表现线和面，又不需要调制颜色，且颜色易干。不同质地的纸张，吸收马克笔颜色的速度各异，产生的效果亦不相同，吸收速度快的纸张，绘出的色块易带有条纹状。用沾上香蕉水的棉球或布，可以除去油性马克笔色彩或淡化色彩，利用这一特性，可以绘制出退晕的色彩效果。利用硫酸纸的透明性质，可以绘制出同一色彩的深浅层次和色与色的重叠效果（图4-7）。

图 4-6 炭笔表现的服装画

图 4-7　马克笔表现的服装画

4.5 水彩

　　水彩是常用颜料之一，能溶于水，色素呈半透明状。用水彩来画服装效果图，应用比较普遍。水彩的特征是透明感强，操作方便、快捷且易出效果。色彩之间可以互相混合而调配出所需色调。涂后易干，色彩清雅洁丽。绘画时，首先用干净的水彩笔抹湿着色部分，然后涂上浅淡而均匀的一层，等色彩略干以后，在阴影部分再涂上一层较深的色调，亮部则作省略处理，淡化或直接留白即可。用水彩绘制服装画，可以由浅入深，逐层深入刻画，能达到较理想的写实效果（图4-8～图4-11）。

4.6 水粉

　　水粉的特点是不透明且快干，色彩艳丽浑厚，可通过湿画法和干画法表现水彩和油画的效果。水粉调色要饱和，由于服装画色彩关系要求较简单，一般采用大面积平涂，干后再加上较深部分的色彩。由于颜料的不透明性，较易涂改。上色时要特别注意衣服的结构线，需仔细刻画，以免被色彩覆盖后失去其设计特色。对于亮部可留白，也可用白色颜料进行局部的提亮，增加服装画的层次感（图4-12）。

图4-8　水彩表现的服装画（一）

图4-9 水彩表现的服装画（二）

图 4-11　水彩表现的服装画（四）

图 4-10　水彩表现的服装画（三）

图4-12 水粉表现的服装画

第五章 服装材质的表现技法

◆ > **教学目的：**了解服装常见材质的特征并能进行细致刻画，熟悉特殊材质的表现工具及表现效果。

◆ > **教学要求：**掌握服装画中不同服装面料及服装配饰的表现手法与技巧，使服装材质的表现与服装风格统一，增强服装画的真实性和表现力。

面料是服装的重要组成部分，也是服装画的主要表现内容之一。在服装画中形象逼真地描绘服装面料的质感是画好服装画的关键所在。随着新材料、新工艺的不断开发，面料的品种日益增多，了解服装各种面料的特点是十分必要的，只有这样才能更好地诠释服装作品的设计理念。

要表现出面料质感必须仔细观察它的柔软度、粗细、光滑、光泽、透明度等。运用不同的技法，可以获得特定面料表现的相对准确性、预视效果和艺术气氛。面料质感的表现是相对的，必须与表现的目的性、对象特征、画面风格、工具材料等因素相统一，不能孤立表现。

5.1 绸缎的表现

绸缎织物的表面布满缎纹，外观平滑光亮，突显富贵、华丽的气质。表现此类面料时，用线要轻松、自然、流畅，多采用细线，使用粗而阔的线时要谨慎。对于薄类面料的碎褶，应注意随意性、生动性及疏密关系。表现技法以水彩为佳，大面积的起伏可用大笔触处理，注意虚实关系（图5-1）。

图 5-1 绸缎织物的表现

5.2 皮革的表现

皮革有较强的光泽度，表现皮革时有两种方法：一是根据皮革的质地来描绘，抓住皮革有光泽的特点，分层次、概括地表现其光泽；二是皮革常以缉线或双缉线来缝制服装，注重缉线的表现也可呈现面料的厚度及质感（图5-2、图5-3）。

5.3 格子呢的表现

格子呢的呢面丰满，质地紧密，呢身厚实，有绒毛覆盖，颜色较深，其外形轮廓通常是挺括的（图5-4）。

5.4 纱与蕾丝的表现

在表现纱织物时，要依据纱的特性来描绘。如乔其纱、双绉等面料轻薄，表面呈现柔和的光感和飘逸感，画此类服装效果图时，色彩要画得薄，层次要分明，线条要简洁、流畅。

纱易产生自然的褶，在处理时，可加强层次的丰富感，而对于飘动起来的纱，可略为淡化。玻璃纱具有较高的透明感，且有较强的反光性能。表现玻璃纱透明感的方法与表现纱的透明感方法相似，但要考虑玻璃纱有一定的反光特性，在处理皱褶、转折时，要表现出它的硬度感（图5-5～图5-7）。

图 5-2　皮革服装的表现

图 5-3　皮革鞋子的表现

图 5-4　条格呢的表现

图 5-5　纱织物的表现（一）

图 5-6　纱织物的表现（二）

图 5-7　纱织物的表现（三）

图 5-8　蕾丝织物的表现（一）

图 5-9　蕾丝织物的表现（二）

在表现蕾丝织物时，不仅要重点刻画蕾丝的图案，蕾丝的半浮雕效果以及透过蕾丝看到的皮肤也是刻画的重点。此外，还应注意蕾丝图案的连续性，有些受光面可以用省略的方法表现（图5-8、图5-9）。

5.5　针织面料的表现

针织面料伸缩性强，质地柔软，吸水性及透气性好，其结构明显不同于梭织面料，纹路组织更为明显，应在织纹和图案上进行刻画，使其产生立体的效果（图5-10）。

图 5-10　针织面料的表现

5.6 棉麻的表现

棉麻类面料质地较硬，表面粗糙，纹理比较清晰。棉麻面料的色彩均匀，有一定的光泽。棉麻面料易褶皱不易恢复，在表现棉麻面料时要加强对细褶皱的刻画（图5-11）。

5.7 牛仔的表现

牛仔面料质地较厚，色彩以蓝色为主，织物多为棉质，服装的外观分割线和结构线多且明显，一般采用双明线车缝。服装表面进行磨白处理，有很强的粗犷感。在绘制时可以着重描绘这类服装独特的双明线线迹。面料的质感可以用涂抹干擦的办法表现出面料粗、厚、硬的外观效果。此外，牛仔服装外轮廓比较明确、硬爽，衣纹较大，整体感强（图5-12、图5-13）。

图 5-11　棉麻类服装的表现

图 5-12　牛仔服装的表现（一）

图 5-13　牛仔服装的表现（二）

5.8　毛皮的表现

　　毛皮类服装表面蓬松，体积感强，外轮廓与衣纹转折不明显，具有蓬松、柔软等特点。毛皮面料有长短毛之分，水彩、水粉、彩色铅笔均能表现。水彩可利用水分的自然渗透和渲染而产生肌理，再用细笔触画出毛感。水粉可先画深色，然后理顺其纹理，用细毛笔逐层提亮或用刀刮出亮丝。用笔类似中国画中的撇丝法，将毛笔笔锋撇开，形成间隔，长短不一地刻画。注意要画出层次感，笔触与毛的方向一致，并且要尽可能表现得松软（图5-14）。

5.9　镂空面料的表现

　　通常运用阻染法是解决表现镂空面料问题的较好办法。将一种性质的（油性或水性）颜料，按需要事先绘制图案，然后将另一种性质的颜料（如较深色的水粉色）覆盖于图案之上（面积略大些），两种不同性质的颜料会产生分离的效果，营造出镂空面料的感觉。不过要想得到较好的效果，还是必须进行细致地写实刻画（图5-15）。

图 5-14　毛皮服装的表现

图 5-15　镂空面料的表现

5.10 图案面料的表现

服装图案在造型、内容、色彩、工艺、风格、寓意等方面呈现出极其多样的形式，它以服装为载体，能彰显服装的艺术个性、丰富服装的视觉内涵。随着时代的变迁，图案也逐步成为表现和论证服装审美和服装品牌文化的重要因素。图案面料的布局形式，可分为以下四点：

a. 清地图案——面料中纹样占据的面积小，而底色占据的面积大的图案。对于此类图案，可视其纹样的大小比例，调整或减弱纹样的处理，如较小的纹样，可抓住纹样整体的造型、色调进行描绘，准确地表现其底色色调（图5-16）。

b. 混地图案——纹样面积与底色面积大致相等的图案。由于混地图案的纹样面积与底色面积相差不大，因而极易产生过于平均、缺少变化等问题，因此，混地图案所要表现的重点是纹样，以及由衣褶、结构等引起的纹样变化（图5-17 ~ 图5-19）。

图 5-16　清地图案的表现

图 5-17　混地图案的表现（一）

图 5-18　混地图案的表现（二）

图 5-19　混地图案的表现（三）

　　c. 满地图案——纹样所占面积远远大于或者完全占满底色面积的图案。表现满地图案，需对整体图案的风格，以及图案的造型、色彩等进行重点刻画。对于满地图案中一些较为次要的填充底色的纹样，可以简略表现（图 5-20 ～图 5-22 ）。

图 5-20　满地图案的表现（一）

图 5-21　满地图案的表现（二）

图 5-22　满地图案的表现（三）

d. 件料图案——从服装的整体形态出发，以整个服装为适合单元而设计的面料图案。件料图案布局较具变化，风格特征强。通常件料设计离不开设计的视觉中心，在表现件料图案时要把握这个中心，并重点表现件料的设计风格（图5-23、图5-24）。

图5-23　件料图案的表现（一）

图5-24　件料图案的表现（二）

5.11 服装饰物的表现

　　为了更好地表现服装，在服装
画的绘制中往往会有大量的饰物出
现，如帽子、首饰、墨镜、手表、
人造花卉等。饰物的材质多种多样，
对于不同材质的饰物绘制，要抓住
饰物造型的特点，对其材质加以刻
画表现。多数情况下，服装的饰物
会成为整个画面表现的中心，这也
是服装画的特色所在(图5-25 ~ 图
5-31)。

图 5-25　服装饰物的表现 步骤一

图 5-26　服装饰物的表现 步骤二

图 5-27　服装饰物的表现 步骤三

图 5-28　服装饰物的表现 步骤四

图 5-29　服装饰物的表现（一）

图 5-30　服装饰物的表现（二）

图 5-31　服装饰物的表现（三）

第六章 电脑服装画的表现

◆ > **教学目的**：了解电脑绘制服装画的表现形式及优势，并加以运用。

◆ > **教学要求**：掌握电脑绘图的步骤和常用软件绘图的特点，能够正确绘制服装平面款式图及电脑服装效果图。

6.1 电脑技术在服装画领域中的应用

随着计算机技术的飞速发展，绘图软件在服装画绘制中占据了重要的位置。电脑服装画已非常普及，几乎所有的服装专业、服装企业都在使用计算机软件来进行图形的绘制和处理。电脑这一高科技工具的使用已渗透并覆盖了服装设计的款式设计、结构设计与工艺设计三大环节。它以新的手段促进了新的思维方式的产生，从而给服装设计领域带来一场深刻的变革。目前，电脑技术在欧美等发达国家的服装设计领域已普及，在我国也逐渐被认同、接受和推广。相应地，服装画领域随着电脑的应用而拓宽，被创造性地赋予了了全新的内容。电脑服装画突破了传统表现技巧与表现形式，与手绘相比有无可比拟的优势。

6.1.1 准确性

电脑服装画的表现在尺寸、色彩、面料及款式的细节等方面具有较高的精确性，可以真实地反映服装的特点。

6.1.2 随时存储或调用

手绘服装画每幅都是"孤本"，而且绘制在纸张上不易保存，也不便于沟通交流。而电脑服装画保存方便，可存储在电子设备中，需要使用时随时可以调用。每幅作品通过拷贝可以大量复制，通过打印机等输出设备也可反复输出使用。

6.1.3 及时修改作品

电脑作品可以在同一张"纸"上修改并产生新的作品。一张"纸"可以在不损坏的情况下，在极短的时间内完成拷贝和修改，而每个拷贝部位是干净整洁的，没有修改过的痕迹。

6.1.4 快捷性

快捷性是电脑主要的优点之一。运用电脑可以提高编辑过程的工作效率，使设计者能在极短的时间内修改、重复、替换元素。如连续纹样只需绘制单个元素即可，再利用多次拷贝与排列组合完成整体构图，简化了绘制过程，极大地提高了绘图速度。

6.1.5 建立庞大的后备图库

运用电脑巨大的信息储存功能，可以将常用的素材收集输入电脑，再分类命名储存。如绘制服装款式，手绘表现时得先描绘人体，而电脑表现只需从图库中调用适合的人体造型后在其上直接绘制款式。又如手绘中想表现某种图案或面料，需一笔一笔地描绘出来，而运用电脑则可直接从图库中调用相应的图案或面料黏贴在服装上，再做适当的修饰调整即可，快速且效果逼真，这是手绘表现难以达到的。

6.1.6 提高作图能力

运用电脑作图可以弥补绘画能力的不足，它开辟了一条捷径。即便是绘画基本功较弱，只要有好的设计构思，借助电脑强大的绘图功能，也可以创作出优秀的服装画作品，充分表达创意。电脑在设计中的应用也促进了设计者从技能型向创意型的转变，这是设计发展的必然趋势。当然，电脑服装画也因其电脑属性而相对严谨、机械，不像纯手工绘制的服装画具有一定的随意性与偶然性，个性与艺术性相比较弱。所以说，两者各具特色。电脑服装画是手绘服装画的补充与拓展，在实际表现过程中，可以将手绘与电脑相结合，如将手绘内容输入电脑，再进行后期修改、加工，将两种手法综合运用，两者相辅相成，以达到最佳的视觉效果（图6-1）。

图6-1　电脑人物头像画

6.2 电脑服装画的表现技法

不同的绘图软件有不同的工作面板与操作要求。学习者首先应针对不同的软件，熟练掌握其操作方法及规律，只有这样才能灵活地借助电脑这一现代化工具，将自己的创意充分表达出来。针对服装画的特点，学生主要学习图像处理软件和矢量绘图软件。在电脑服装画的学习中，常用的辅助软件有 Photoshop、CorelDRAW、Illustrator、Corel Painter，每种软件在绘图时有一定的区别。Photoshop 是 Adobe 公司旗下最为出名的图像处理软件之一，其功能强大、表现力丰富已经得到设计界的公认，普及率也相当高，必然成为电脑服装画的重点学习内容，可用来进行服装效果图的绘制及服装面料的处理；矢量绘图软件有 CorelDRAW 和 Illustrator，但其功能大同小异，常用来进行服装效果图、服装款式图及花型图的绘制，Illustrator 的功能优于 CorelDRAW，被越来越多的从业人士使用；Corel Painter 作为现在最为完善的电脑美术绘画软件，可以用来绘制艺术感十足的服装画，对美术功底强的学生是个很好的选择。尽管各软件操作方法有所区别，但运用电脑绘制服装画的技法还是类似的。下面就其一般表现方法作简要介绍。

6.2.1 线描造型

线描造型是电脑服装画的基础。一般软件中都带有画笔工具，可以运用鼠标或数位板直接在电脑屏幕上绘画。通过选择不同类型的画笔工具（如铅笔、毛笔、喷笔等），不同粗细的笔触和不同的压力，可以创造出生动而富于个性的造型。对于画错的线条，可以用橡皮工具擦除或用选择工具选定该线后删除（图6-2）。

还可以将手绘的线描草图通过扫描仪将图像输入电脑，再进行修改或着色处理。运用手绘与电脑制作相结合的方法，不仅对于习惯用笔画画的人来说更易掌握，而且造型线条较生动，笔触感强。

6.2.2 色彩填充与调整

在电脑中进行着色比手绘简便得多，不仅速度快，还可随意换色修改而不需重画一张。选取颜色可以通过调色板进行，选中的颜色还可显示出其色素配比，具有一定的准确度和精度，这是手绘服装画难以媲美的。在制作中通常采用 RGB 模式，黑白画可采用灰阶模式，若供印刷之用，则需采用 CMYK 四色模式便于分色。

对线描造型着色可用喷漆桶工具对封闭区域直接进行填充。这就要求在绘制线描造型时注意线条要以一定的方式连接封闭，只有连续封闭的线才有助于填充色彩，否则颜色会填充到轮廓线以外的地方。或者可以运用选择工具选定区域后填充颜色，还可在选定区域内运用画笔工具直接描画，呈现出生动的笔触。在此基础上再运用渐变、涂抹、图层的叠加等功能使其富于变化，如用画笔描画几种色彩后用涂抹工具进行混合，可以让色彩自然融合。

对于已填充的颜色可通过调整色彩亮度、对比度、饱和度、色彩平衡等色彩调节功能丰富画面表现，产生不同风格的视觉效果。如反相命令产生原图的负片，白底黑线的线描变成黑底白线，画面风格截然不同。

6.2.3 服装面料图案的制作与填充

面料是服装画表现的重要内容之一。手绘服装画中面料一般表现手法较概括，而电脑服装画则可以很具体、很真实地表现出来。

在电脑中图案纹样可以直接绘制，利用拷贝、剪贴等工具使制作更为快捷；还可以用扫描仪将面料图案或面料的肌理扫描输入，经裁切后利用喷漆桶工具填充连续图案；也可以运用图层的功能将面料纹样贴于服装轮廓之内。在服装面料图案表现方面，Corel Painter 和 Photoshop 都有优势（图 6-3）。

图 6-2　线描服装画

图 6-3　电脑服装面料图案的表现

6.2.4 画面的特殊效果与艺术处理

服装主体与背景的艺术处理是画面以最佳视觉效果呈现在观者眼前的必备条件。电脑服装画可以利用设计软件中的各种特技工具、变形功能、合成技术等对画面进行艺术处理。一般软件中都会具备变形技术，对选定的物体进行放大、缩小、旋转、扭曲、拉长、压扁等变化，可对图像进行反转、倒置等处理，使人物或服装的整体或局部产生夸张变形的特殊效果，具有装饰性的视觉美感。作图软件的特技功能中一般都有多种对画面进行艺术处理的工具，可以轻而易举地使画面产生丰富多样的变化，形成多种肌理效果，产生变幻的背景，营造画面的特殊气氛。还可使电脑服装画模拟油画、水彩、木刻、素描等各种不同的绘画效果（图6-4）。

图6-4 夸张处理的电脑效果图

6.3 电脑服装画的基本步骤

6.3.1 电脑服装画的作图步骤

6.3.1.1 Photoshop 中女性人物头像绘制步骤（图6-5～图6-10）

a. 新建图层，填充底色，用白色画笔绘制人物头像的比例结构，可以适当地调一下图层的透明度；

b. 画出大概的人物头像的明暗关系；

c. 深入、具体刻画脸部的五官；

d. 新建图层，用"颜色"模式把颜色叠加上去；

e. 继续深入刻画头发、花和手的细节；

f. 使用皮肤画笔（可以网上下载皮肤画笔）在亮面表现一些质感，勾一点发丝，对花和手再深入刻画，整体调整一下画面，完成绘制。

图 6-5　女性头像绘制 步骤一

图 6-6　女性头像绘制 步骤二

图 6-7　女性头像绘制 步骤三

图 6-8　女性头像绘制 步骤四

图 6-9　女性头像绘制 步骤五

图 6-10　女性头像绘制 步骤六

6.3.1.2 Photoshop 中男性人物头像绘制步骤（图 6-11 ～图 6-17）

a. 新建图层，填充黑色底色，用白色画笔绘制男性头像的大致形态；

b. 画出大致的人物头像的明暗关系；

c. 深入、具体刻画脸部的五官；

d. 继续深入，画出相应的质感；

e. 新建一个图层，利用图层面板上的"颜色"模式，进行颜色叠加（这样不会破坏原有的黑白关系）；

f. 对个别细节颜色叠加效果不好的区域进行修改，画出服装和配饰的大概质地；

g. 勾出一点细小的发丝，对其他配饰细节进行最后深入刻画，完成绘制。

图 6-11　男性头像绘制 步骤一

图 6-12　男性头像绘制 步骤二

图 6-13　男性头像绘制 步骤三

图 6-14　男性头像绘制 步骤四

图 6-15　男性头像绘制 步骤五

图 6-16　男性头像绘制 步骤六

图 6-17　男性头像绘制 步骤七

6.3.1.3 Photoshop 中礼服绘制步骤（图 6-18～图 6-21）

　　a. 新建图层，填充底色，运用画笔的不同透明度，绘制出服装的透明质感，并不断调整画笔的粗细，绘制出准确的明暗关系；

　　b. 刷一些颜色上去，深入刻画五官、人体和鞋子；

　　c. 深入细节整体调整，完成绘制。

图 6-18　礼服绘制 步骤一

图 6-19　礼服绘制 步骤二

图 6-20　礼服绘制 步骤三

图 6-21　礼服绘制效果图

6.3.1.4 Photoshop 中写实风格皮草服装绘制步骤（图 6-22 ～图 6-26 ）

a. 新建图层，运用画笔绘制出服装基本的色调，并不断调整笔画大小，绘制出准确的明暗关系；

b. 新建图层，绘制服装面料的肌理，逐步深入地刻画服装的款式细节；

c. 整体调整深入细节，刻画皮草的质感；

d. 新建图层，用"滤色"模式把服装明暗、细节、色彩叠加上去，整体调整，完成绘制。

图 6-22　皮草服装实物图

图 6-23　皮草服装绘制 步骤一

图 6-24　皮草服装绘制 步骤二

图 6-25　皮草服装绘制 步骤三

图 6-26 皮草服装绘制 步骤四

6.3.1.5 Photoshop 中装饰风格礼服绘制步骤（图 6-27 ～ 图 6-30）

a. 新建图层，运用画笔绘制出服装的基本形，注意调节画笔的形状、粗细；

b. 新建图层组，绘制人物的皮肤、头发、服装的基本色调等；

c. 深入刻画细节，绘制礼服的面料图案、皮肤暗部、头发的高光及五官的细节等，完成绘制。

图 6-27　礼服实物图

图 6-28　礼服绘制 步骤一

图 6-29 礼服绘制 步骤二

图 6-30 礼服绘制 步骤三

6.3.1.6 CorelDRAW 中服装效果图绘制步骤（图 6-31、图 6-32）

a. 运用画笔工具中的钢笔工具或者贝塞尔曲线工具绘制出效果图的基本形，然后运用形状工具进行调整，节点不宜太多，需要填充颜色的区域要注意线条是否闭合；

b. 选择填充中的图样填充，装入位图，填充服装的面料；

c. 绘制背景，调整服装比例。

图 6-31　用 CorelDRAW 绘制的服装效果图（一）

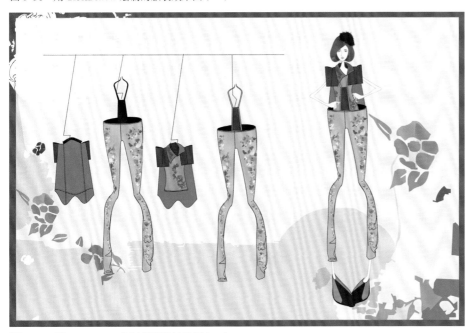

图 6-32　用 CorelDRAW 绘制的服装效果图（二）

6.4 不同服装材质的电脑服装效果图表现

6.4.1 雪纺类材质表现

雪纺轻薄、柔软、飘逸，名称来自法语 Chiffon 的音译，意为轻薄透明的织物。雪纺分为真丝雪纺和仿真丝雪纺。

在绘制线稿时，用线要轻松、自然，建议使用较为细而平滑的匀线，不宜使用粗而阔的线。上色时，表现服装面料大面积的起伏，可以使用大笔触进行大面积地处理。对于材质的碎褶，可注重其随意性和生动性，针对其明暗进行细致刻画（图 6-33 ~ 图 6-46）。

图 6-33　雪纺服装线稿

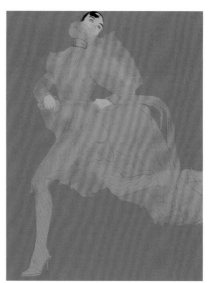

图 6-34　雪纺服装上色 步骤一

图 6-35　雪纺服装上色 步骤二

图 6-36　雪纺服装上色 步骤三

图 6-37　雪纺服装上色 步骤四

图 6-38　雪纺服装上色 步骤五

图 6-39　雪纺服装上色 步骤六

图 6-40　雪纺服装上色效果图

图 6-41 雪纺服装图（一）

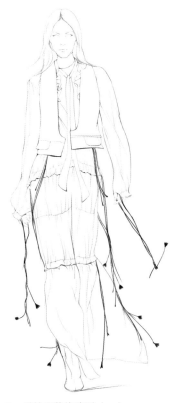

图 6-42 雪纺服装线稿图（一）

图 6-43 雪纺服装效果图（一）

图 6-44 雪纺服装图（二）

图 6-45 雪纺服装线稿图（二）

图 6-46 雪纺服装效果图（二）

6.4.2 皮草类材质表现

皮草类材质品类繁多，特征各异，大致分为长毛与短毛的皮草面料，都具有蓬松、无硬性转折、体积感强等特点。

在绘制长毛皮草面料服装效果图时，要着重表现材质的层次感，运用丰富、流畅的线条，表现出材质的弹性与毛的走向；绘制短毛皮草面料服装时，要表现材质的体积感和层次感，绘制出毛绒细密均匀的感觉，边缘的表现忌坚硬，应虚化处理（图6-47～图6-54）。

图6-47　皮草服装图（一）

图6-48　皮草服装线稿图（一）

图6-49　皮草服装上色 步骤一

图6-50　皮草服装上色 步骤二

图 6-51　皮草服装图（二）

图 6-52　皮草服装线稿图（二）　　　图 6-53　皮草服装上色 步骤一　　　图 6-54　皮草服装上色 步骤二

6.4.3 反光类材质表现

服装材料中的反光类材质主要有：丝绸、反光布、皮革、金属装饰等。

表现反光类材质，通常有两种方法：一是平涂法，较为简略，运用勾线或无线平涂，将反光材料归纳为两个、三个或更多的层次，重点表现材质的受光面、灰面、暗面，将灰面与受光面的明度对比加大，用对比表现出材质的转折与皱褶的光感；另一种方法是倾向写实的较为复杂的绘制方法，将材质按照写实的风格去处理，表现反光材质丰富的层次，注重材质的细部变化，对材质的转折、皱褶进行深入刻画，方可将服装的反光表现得淋漓尽致（图6-55～图6-76）。

图6-55 反光材质服装图（一）

图6-56 反光材质服装线稿图（一）

图6-57 反光材质服装效果图（一）

图 6-58　反光材质服装图（二）

图 6-59　反光材质服装线稿图（二）　　　图 6-60　反光材质服装上色 步骤一　　　图 6-61　反光材质服装上色 步骤二

图 6-62 反光材质服装图（三）

图 6-63 反光材质服装线稿图（三）

图 6-64 反光材质服装上色 步骤一

图 6-65 反光材质服装上色 步骤二

图 6-66　反光材质服装图（四）

图 6-67　反光材质服装线稿图（四）

图 6-68　反光材质服装上色 步骤一

图 6-69　反光材质服装上色 步骤二　　　　图 6-70　反光材质服装上色 步骤三

图 6-73 反光材质服装图（六）

图 6-71 反光材质服装图（五）

图 6-75 反光材质服装图（七）

图 6-74 反光材质服装效果图（六）

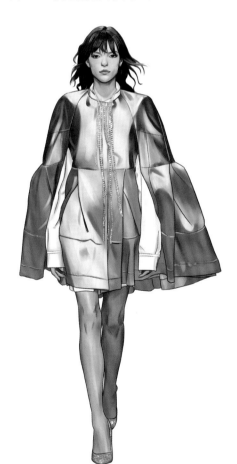

图 6-72 反光材质服装效果图（五）

图 6-76 反光材质服装效果图（七）

6.4.4 棉质类材质表现

棉质类材质主要有卡其布、斜纹布、衬衫布、牛仔布等。

在绘制棉质服装前，应该根据材质的表面效果确定色彩的基本层次。如深、中、浅，抑或重、深、中、浅。若表面色彩柔和，绘制四个层次效果更佳，可使颜色质地过渡自然，切记勿将高光和反光绘制得过于强烈（图6-77～图6-85）。

图6-78　棉质材质服装线稿图（一）　　图6-79　棉质材质服装上色 步骤一

图6-77　棉质材质服装图（一）

图6-80　棉质材质服装上色 步骤二　　图6-81　棉质材质服装上色 步骤三

图 6-82　棉质材质服装图（二）

图 6-83　棉质材质服装线稿图（二）　　图 6-84　棉质材质服装上色 步骤一　　图 6-85　棉质材质服装上色 步骤二

6.4.5 图案类材质表现

图案材质是指服装面料上的各种形式的纹样。根据图案的风格，可以分为花鸟及山水图案、动物图案、人物图案、风景图案、几何图案等类型。

用电脑绘制服装图案时，相比手绘更为灵活和快捷，可以直接作图案的填充，但往往效果生硬、死板。若是追求艺术效果，则电脑绘制方法与手绘方法是一致的，需要仔细刻画由衣褶、结构等引起的纹样变化，着重刻画主要部位的面料图案，对其他部位的图案可作简单、省略处理（图6-86～图6-98）。

图6-86　图案材质服装图（一）

图6-87　图案材质服装线稿图（一）

图6-88　图案材质服装上色 步骤一

图6-89　图案材质服装上色 步骤二

图 6-90　图案材质服装图（二）

图 6-92　图案材质服装图（三）

图 6-93　图案材质服装线稿图（三）

图 6-91　图案材质服装效果图（二）

图 6-94　图案材质服装上色 步骤一　　图 6-95　图案材质服装上色 步骤二

图 6-96　图案材质服装图（四）

图 6-97　图案材质服装线稿图（四）

图 6-98　图案材质服装效果图（四）

6.5　电脑服装效果图临摹图例

电脑服装效果图，主要是对 T 台走秀服装进行绘制，通过多次的训练能大大提高绘图的速度，并能对多种服装材质进行绘制，通常分为三步：

第一步：数位板勾线。

可以采用照片作为模板进行勾线，线条勾画必须流畅，准确。在学习之初，会出现线条抖动，线条不流畅等问题，需经常使用数位板，并熟悉数位板的性能，经过长期训练就能绘制出漂亮的线条。

第二步：运用填色工具上色。

可以采用油漆桶工具对皮肤进行上色，可以建立选区后直接填充，这样绘图速度会比较快，也可以用画笔工具进行绘制，后者会更有层次感；对于服装部分，可以根据需要绘制服装的面料，然后用油漆桶工具进行图案填充。

第三步：画笔绘制明暗。

有了前面的上色作为铺垫，再根据照片上的明暗关系绘制阴影效果，可以直接用画笔绘制暗部，也

可以用加深、减淡工具刻画明暗关系，注意明暗灰的对比，这样绘制出来的效果图层次比较分明（图 6-99 ～图 6-134）。

图 6-99　电脑服装效果图图例（一）

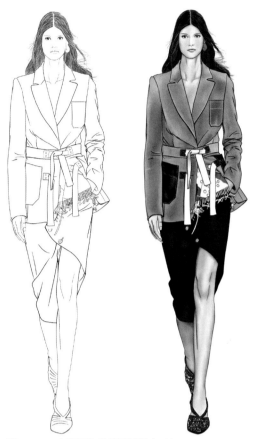

图 6-100　电脑服装效果图图例（二）

图 6-101　电脑服装效果图图例（三）

图 6-102　电脑服装效果图图例（四）

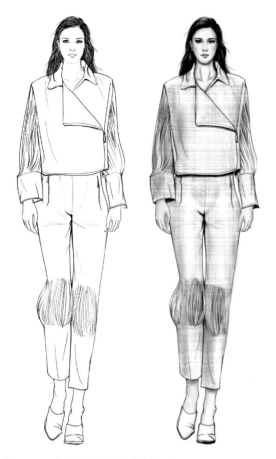

图 6-103　电脑服装效果图图例（五）

图 6-104　电脑服装效果图图例（六）

图 6-105　电脑服装效果图图例（七）

图 6-106　电脑服装效果图图例（八）

图 6-107　电脑服装效果图图例（九）

图 6-108　电脑服装效果图图例（十）

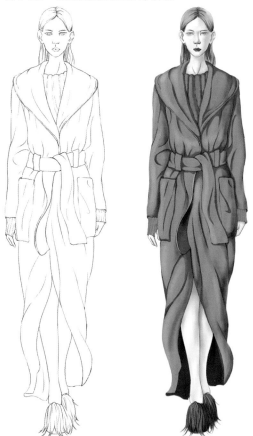

图 6-109　电脑服装效果图图例（十一）

图 6-110　电脑服装效果图图例（十二）

图 6-111　电脑服装效果图图例（十三）

图 6-112　电脑服装效果图图例（十四）

图 6-113　电脑服装效果图图例（十五）

图 6-114　电脑服装效果图图例（十六）

图 6-115　电脑服装效果图图例（十七）

图 6-116　电脑服装效果图图例（十八）

图 6-117　电脑服装效果图图例（十九）

图 6-118　电脑服装效果图图例（二十）

图 6-119　电脑服装效果图图例（二十一）

图 6-120　电脑服装效果图图例（二十二）

图 6-121　电脑服装效果图图例（二十三）

图 6-122　电脑服装效果图图例（二十四）

图 6-123　电脑服装效果图图例（二十五）

图 6-124　电脑服装效果图图例（二十六）

图 6-125　电脑服装效果图图例（二十七）

图 6-126　电脑服装效果图图例（二十八）

图 6-127　电脑服装效果图图例（二十九）

图 6-128　电脑服装效果图图例（三十）

图 6-129　电脑服装效果图图例（三十一）

图 6-130　电脑服装效果图图例（三十二）

图 6-131 电脑服装效果图图例（三十三）　　　　图 6-132 电脑服装效果图图例（三十四）

图 6-133 电脑服装效果图图例（三十五）　　　　图 6-134 电脑服装效果图图例（三十六）

6.6 服装平面款式图表现技法

6.6.1 服装平面款式图的概念

　　服装平面款式图简称服装款式图，是服装工业生产过程中，服装设计师在服装设计过程中运用简练的线条勾勒服装的内部结构和外部轮廓，表现服装式样。

　　它不仅包括服装本身的款式造型，还包括服装各个部位的比例、内部结构线、服装尺寸、面辅料样板及局部工艺说明等（图6-135）。

6.6.2 服装款式绘制注意的几个问题

6.6.2.1 比例

　　在服装款式图的绘制中首先应注意服装外形及服装细节的比例关系，在绘制服装款式图之前，作者应该对所画服装的所有比例有一个详尽的了解，因为各种不同的服装有其各自不同的比例关系。在绘制服装的比例时，应注意"从整体到局部"，绘制好服装的外形及主要部位之间的比例。如服装的肩宽与衣身长度之间的比例，裤子的腰宽和裤长之间的比例，领口和肩宽之间的比例，腰头宽度与腰头长度之间的比例等。把握好比例之后，再注意局部和局部、局部与整体之间的比例关系（图6-136）。

6.6.2.2 对称

　　沿人体的眉心、人中、肚脐画一条垂线，以这条垂线为中心，人

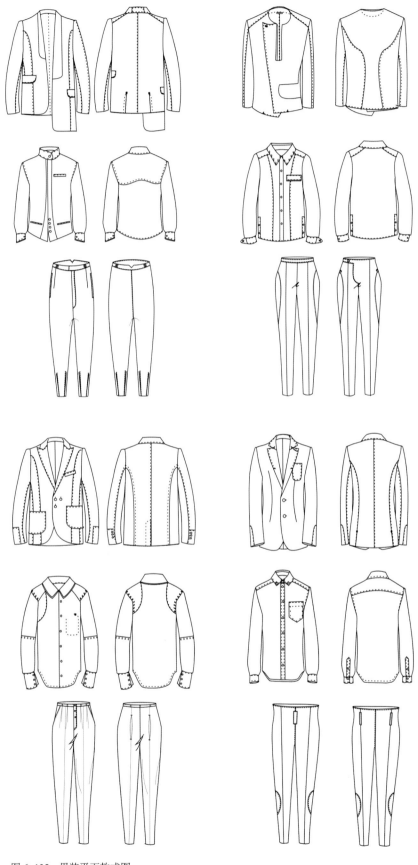

图 6-135　男装平面款式图

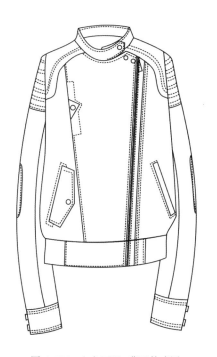

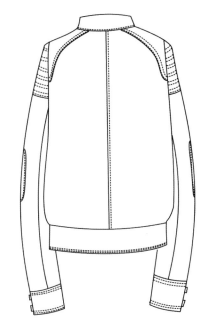

图 6-136　上衣正面 / 背面款式图

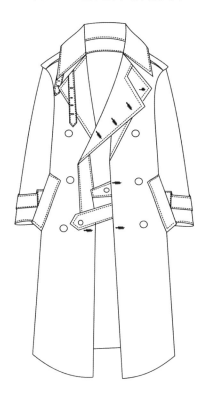

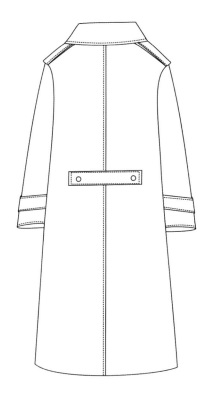

图 6-137　大衣正面 / 背面款式图

体的左右两部分是对称的，因为人体的因素，所以服装的主体结构必然呈现出对称的结构，"对称"不仅是服装的特点和规律，而且很多服装因对称产生美感。因此在款式图的绘制过程中，一定要注意服装的对称规律。

初学者可以使用"对折法"来绘制服装款式图，这是一种先画好服装的一半（左或右），然后再沿中线对折，描画另一半的方法，这种方法可以轻易地画出左右对称的服装款式图。在用电脑软件来绘制服装款式图的过程中，只要画出服装的一半，然后再对这一半进行复制，把方向翻转一下就可以完成。即使是不对称的服装款式也可以水平翻转后，再对其进行修改（图6-137）。

6.6.2.3　线条

服装款式图一般是由线条绘制而成，所以在绘制的过程中要注意线条的准确和清晰，不可以模棱两可。如果画得不准确或画错线条，一定要用橡皮擦干净，绝对不可以保留，因为这样会造成服装制图和打样人员的误解。

另外，在绘制服装款式图的过程中，不但要注意线条的规范，而且还要注意表现出线条的美感，要把轮廓线、结构线和明线等线条区别开来。一般可以用四种线条来绘制服装款式图，即粗线、中粗线、细线和虚线。粗线主要用来表现服装的外轮廓，中粗线主要用来表现服装的内部结构，细线主要是用来刻画服装的细节部分和某些结构较复杂的部分，而虚线又可以分为很多种类，它的作用主要用以表示服装的缉明线部位。

6.6.2.4 文字说明和面辅料小样

服装款式图绘制完成后，为了方便打板师傅和打样师傅更准确地完成打板与制作，还应标出必要的文字说明，其内容包括服装的设计思想，成衣的具体尺寸（如衣长、袖长、袖口宽、肩斜、前领深、后领深等），工艺制作的要求（如明线的位置和宽度、服装印花的位置和特殊工艺要求、扣位等），以及面料的搭配和款式图在绘制中无法表达的细节。

另外，在服装款式图上一般要附上面料、辅料小样（包括扣子、花边以及特殊的装饰材料等）。这样可以使服装生产参与者更直观地了解设计师的设计意图，并且为生产过程中采购辅料提供重要的参考依据（图6-138）。

6.6.2.5 细节

服装款式图要求绘图者必须要把服装交待得一清二楚，所以在绘制款式图的过程中一定要注意把握细节的刻画，因画面大小的因素，可以用局部放大的方法来展示服装的细节，也可以用文字说明的方法为服装款式图添加标注或说明，把细节交待清楚（图6-139～图6-143）。

样衣版号：DAF-2014-75

正面款式图

背面款式图

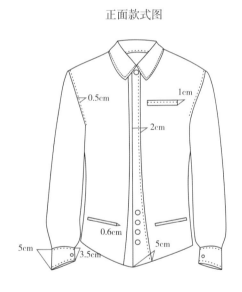

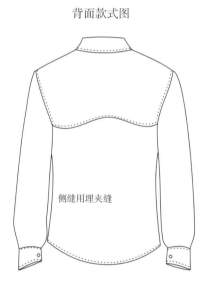

服装尺寸表（单位：cm）	
胸围	100
衣长	60
肩宽	48
袖长	55
袖口高	5
领高	3
领围	42
腰围	96
后中长	57

面料及辅料

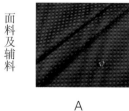

A   B   C   D   E

图6-138　企业用于生产的款式图

图 6-139　服装款式图

图 6-140　彩色服装款式图（一）

图 6-141　彩色服装款式图（二）　　　　　　　　　　　　图 6-142　彩色服装款式图（三）

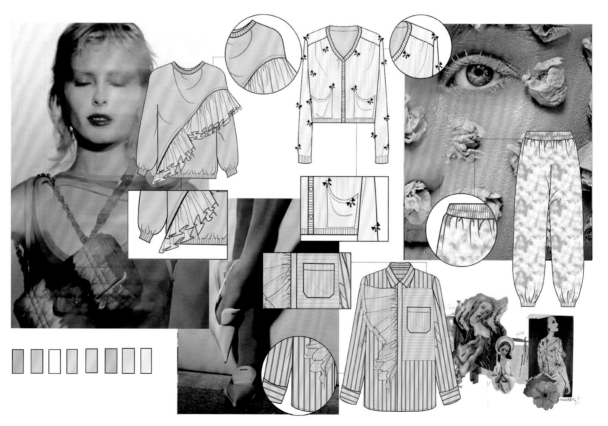

图 6-143　彩色服装款式图（四）

6.7 电脑服装画作品欣赏

图 6-144　参赛效果图。运用钢笔勾勒形体，画面构图新颖，姿态生动

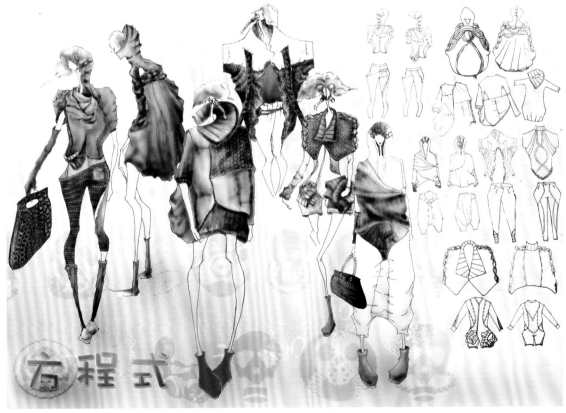

图 6-145　参赛效果图。人物造型独特，运用电脑表现出了服装面料的质地

图 6-146 针织服装效果图。材质表现较为立体，近乎无彩色系的基本色调，充满着未来感

图 6-147 创意装效果图。第 25 届中国时装设计新人奖优秀作品（作者陈翔）

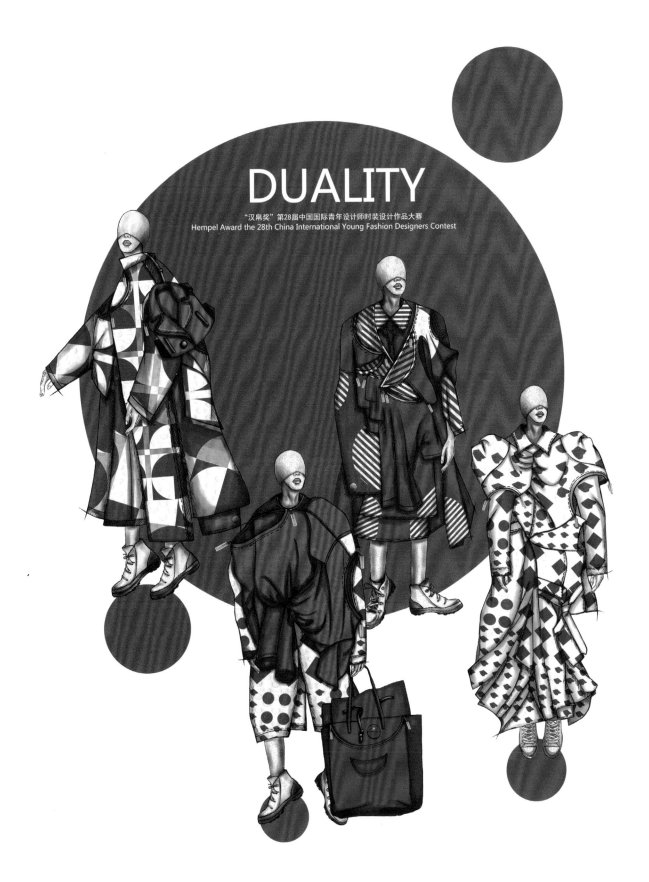

图 6-148 创意装效果图。汉帛杯优秀奖作品（作者何丽婷，指导教师连敏）

图 6-149 礼服效果图。在黑色背景上表现白色礼服,很好地表现了纱的质感

图 6-150 创意服装效果图。夸张的人物造型,极具趣味性,画面构图完整,服装系列感较强

图 6-151　针织服装效果图。人物造型生动，具有鲜明的个性特征，款式细节刻画细腻，服装款式结构与整体表现手法和谐统一

图 6-152　针织服装效果图。人物造型独特，画风时尚且另类，画面构图完整，细节刻画生动

图 6-153　CorelDRAW 绘制的礼服效果图。画面干净清新，装饰性强

图6-154 休闲服装效果图。人物造型独特，画风干净利落，服装款式表达清晰

图6-155 休闲服装效果图。夸张的人物造型使画面极具趣味性，服装材质表达准确，画风独特，个性鲜明

布_{衣游}水

Han silks prize The 26th world works of China international young fashion designers contest

逆_水而_上

The twenty-third Chinese New Fashion Design Award

图6-156 创意装效果图。汉帛杯铜奖、新人奖优秀作品（作者盛倩，指导教师连敏）

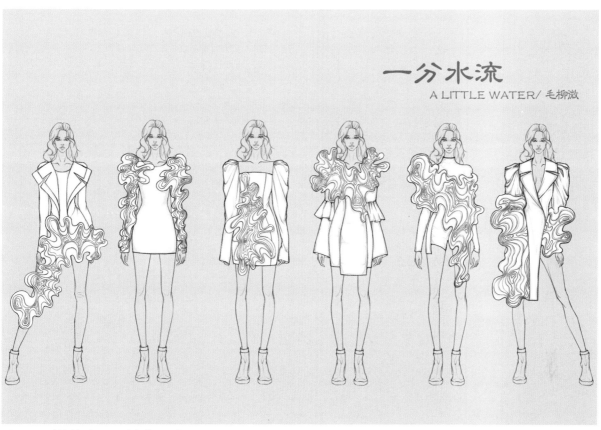

图 6-157 创意效果图。用线条体现服装的层次

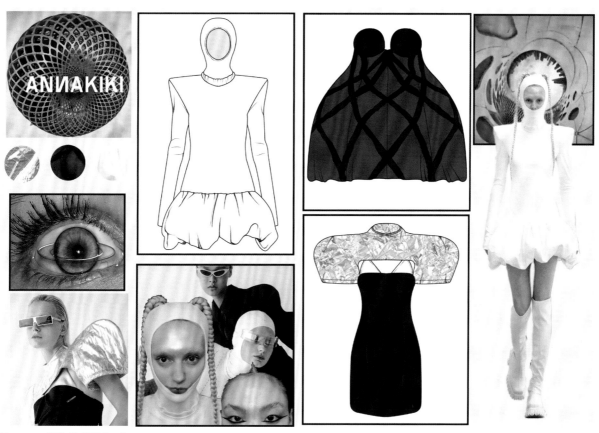

图 6-158 服装款式图 (一)

图 6-159　服装款式图（二）

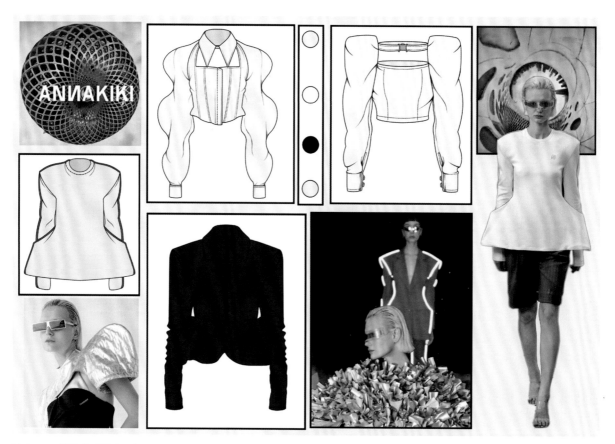

图 6-160　服装款式图（三）

图 6-161　服装款式图（四）

图 6-162　服装款式图（五）

参考文献

[1] 李当岐.欧洲时装版画［M］.哈尔滨：黑龙江美术出版社，2000.

[2] 凯利·布莱克曼.20世纪世界时装绘画图典［M］.方茜，译.上海：上海人民美术出版社，2008.

[3] 邹游.解读时装画艺术［M］.北京：中国纺织出版社，2003.

[4] 刘元风.现代时装：刘元风时装画集［M］.北京：高等教育出版社，1996.

[5] 赵晓霞.时装画历史及现状研究［D］.北京：北京服装学院，2008.

[6] 黄向群，姚震宇.服装画技法及电脑应用［M］.北京：中国轻工业出版社，2000.

[7] 刘元风.时装画技法［M］.北京：高等教育出版社，1994.

[8] 张宏，陆乐.服装画技法［M］.北京：中国纺织出版社，1997.

[9] 大卫·当顿.时装画：17位国际大师巅峰之作［M］.刘琦，译.北京：中国纺织出版社，2013.

[10] 陈彬.时装画技法［M］.上海：上海科学技术出版社，2008.

[11] 钱欣.服装画技法［M］.上海：东华大学出版社，2004.

[12] 赵永伟.现代服装画教程［M］.沈阳：辽宁美术出版社，1998.

[13] 曲媛.现代时装设计技法实例［M］.长春：吉林摄影出版社，2000.

[14] 贺景卫，黄莹.电脑时装画教程［M］.沈阳：辽宁科学技术出版社，2006.

[15] 蔡凌霄.手绘时装画表现技法［M］.南昌：江西美术出版社，2007.

[16] 肖军，陈建辉.服装画技法教程［M］.北京：中国纺织出版社，1998.

[17] 贾天杰.服装效果图人物头像处理方法［J］.辽宁丝绸，2006（2）.